著者简介

森巧尚

软件工程师，科技作家，兼任日本关西学院讲师、关西学院高中科技教师、成安造形大学讲师、大阪艺术大学讲师。

著有《Python一级：从零开始学编程》《Python二级：桌面应用程序开发》《Python二级：数据抓取》《Python二级：数据分析》《Python三级：机器学习》《Python三级：深度学习》《Java一级》《动手学习！Vue.js开发入门》《在游戏开发中快乐学习Python》《算法与编程图鉴（第2版）》等。

Python 二级 数据分析

〔日〕森巧尚 著

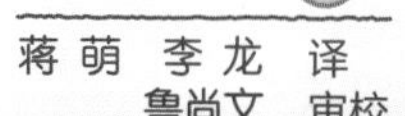

蒋萌 李龙 译

鲁尚文 审校

科学出版社

北京

图字：01-2023-5711号

内 容 简 介

Python是Web开发和数据分析等领域非常流行的编程语言。随着人工智能时代的到来，越来越多的人开始学习Python编程。

本书面向数据分析初学者，以山羊博士和双叶同学的教学漫画情境为引，以对话和图解为主要展现形式，接续《Python二级：数据抓取》，通俗易懂地讲解如何看待收集来的数据，以及怎样使用标准差、什么是正态分布。

本书适合Python初学者自学，也可用作青少年编程、STEM教育、人工智能启蒙教材。

图书在版编目（CIP）数据

Python二级：数据分析/(日)森巧尚著；蒋萌，李龙译.—北京：科学出版社，2024.6

ISBN 978-7-03-078358-5

Ⅰ.①P… Ⅱ.①森… ②蒋… ③李… Ⅲ.①软件工具-程序设计 Ⅳ.①TP311.561

中国国家版本馆CIP数据核字（2024）第069712号

责任编辑：孙力维 杨 凯 / 责任制作：周 密 魏 谨
责任印制：肖 兴 / 封面设计：张 凌

科 学 出 版 社 出版
北京东黄城根北街16号
邮政编码：100717
http：//www.sciencep.com

三河市春园印刷有限公司印刷

科学出版社发行 各地新华书店经销

*

2024年6月第 一 版 开本：787×1092 1/16
2024年6月第一次印刷 印张：12 1/2
字数：252 000

定价：68.00元

（如有印装质量问题，我社负责调换）

前　言

也许很多人有这样的想法：

“我是 Python 初学者，不知道下一步应该学习什么。”

“我学习了 Python 的基础知识，想尝试更有挑战性的数据分析。”

本书就是为这些想挑战数据分析的 Python 初学者准备的。

《Python 二级：数据抓取》介绍了从网络上收集、读取各种格式的数据的原理和方法。

本书将讲解如何看待收集来的数据，怎样使用标准差，以及什么是正态分布等内容。本书尽可能以图解的形式通俗易懂地讲解，避免复杂的数学公式和晦涩难懂的措辞。

本书知识难度为“二级”，未学过《Python 二级：数据抓取》的读者也能看懂。不过，学习了《Python 二级：数据抓取》，可以更好地理解数据收集的过程。

数据分析是一项收集数据、解决问题的技术。我们聚焦解决问题的方法，将复杂的计算交给 Python。

希望本书能让读者体验到利用 Python 进行数据分析的便利，并有意愿挑战数据分析。

森巧尚

关于本书

读者对象

本书主要介绍如何用 Python 进行数据分析，面向了解 Python 基础知识和基本语法，想进一步尝试数据分析的读者（学习过《Python 一级：从零开始学编程》《Python 二级：数据抓取》）。

本书特点

本书内容基于“Python 一级”的内容，在一定程度上丰富了技术层面的内容，为了帮助读者掌握书中涉及的技术，本书内容遵循以下三个特点展开。

特点 1 以插图为核心概述知识点

每章开头以漫画或插图构建学习情境，之后在“引言”部分以插图的形式概述整章的知识点。

特点 2 以对话形式详解基础语法

精选基础语法，以对话的形式，力求通俗易懂地讲解，以免初学者陷入困境。

特点 3 样例适合初学者轻松模仿编程

为初学者精选编程语言（应用程序）样例代码，以便读者快速体验开发过程，轻松学习。

阅读方法

为了让初学者能够轻松进入数据分析的世界，并保持学习热情，本书作了许多针对性设计。

以漫画的形式概述每章内容

借山羊博士和双叶同学之口引出每章的主要内容

每章具体要学习的内容一目了然

以插图的形式，通俗易懂地介绍每章主要知识点和学习流程

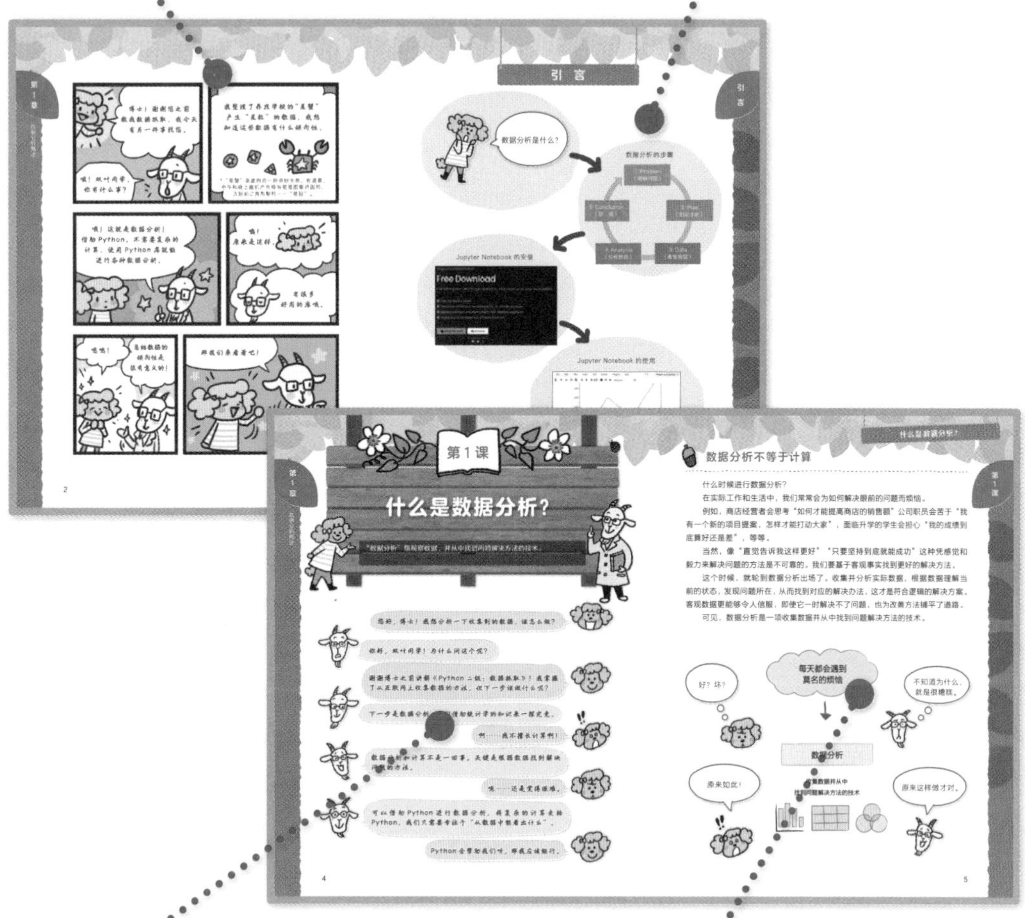

以对话的形式讲解概念

借助山羊博士和双叶同学的对话，风趣、简要地讲解概要和代码

附有图解说明

尽可能以图解的形式代替晦涩难懂的措辞

本书样例代码的测试环境

本书全部代码已在以下操作系统和 Python 环境下进行了验证。

操作系统：

· Windows 10 22H2

· Windows 11 22H2

· macOS 13(Ventura)/14(Sonoma)

Anaconda 环境版本：

· Anaconda 2023.09

Python 版本：

· Python 3.11.5

除 Jupyter Notebook 相关库以外，用到的 Python 库：

· numpy 1.24.3

· pandas 2.0.3

· scipy 1.9.3

· matplotlib 3.7.2

· seaborn 0.12.2

一般来说，以上 Python 库在 Anaconda 中的最新版本应该与本书所有代码兼容。读者可以使用 Anaconda Navigator 安装最新版本的库，或者在命令行输入以下命令安装：

```
conda install numpy pandas scipy matplotlib seaborn
```

目 录

第 1 章 数据分析概述

第 2 章 收集数据的预处理

第6章 根据关系预测：回归分析

数据分析概述

博士！谢谢您之前教我数据抓取，我今天有另一件事找您。
哦！双叶同学，你有什么事？

我整理了养在学校的“星蟹”产生“星粒”的数据，我想知道这些数据有什么倾向性。

*“星蟹”是虚构的一种奇妙生物，在清晨、中午和晚上随机产生带有星星图案的圆形、方形和三角形颗粒——“星粒”。

哦！这就是数据分析！借助Python，不需要复杂的计算，使用Python库就能进行各种数据分析。

噢！原来是这样。
有很多好用的库哦。

嗯嗯！
总结数据的倾向性是很有意义的！

那我们来看看吧！
好的！

引 言

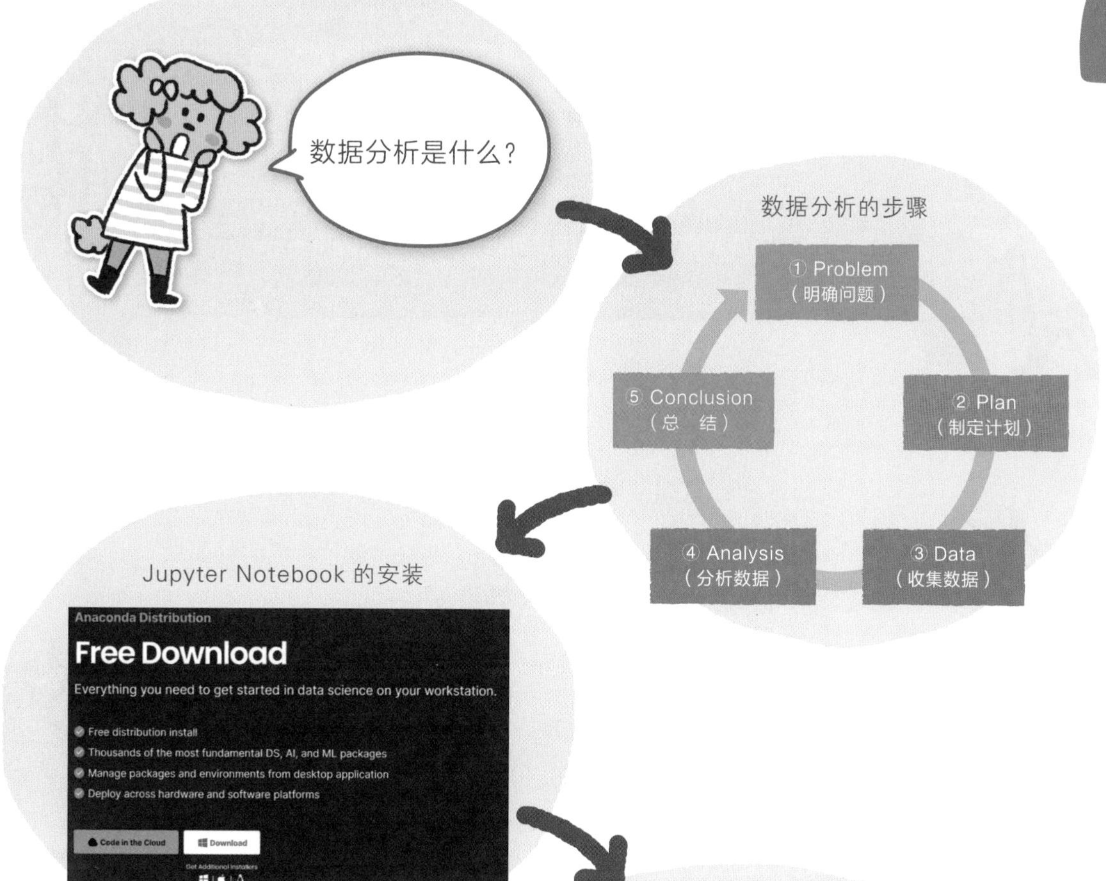
数据分析是什么？
数据分析的步骤
① Problem
（明确问题）
② Plan
（制定计划）
③ Data
（收集数据）
④ Analysis
（分析数据）
⑤ Conclusion
（总　结）
Jupyter Notebook 的安装
Anaconda Distribution
Free Download
Everything you need to get started in data science on your workstation.
Free distribution install
Thousands of the most fundamental DS, AI, and ML packages
Manage packages and environments from desktop application
Deploy across hardware and software platforms
Code in the Cloud
Download

Jupyter Notebook 的使用

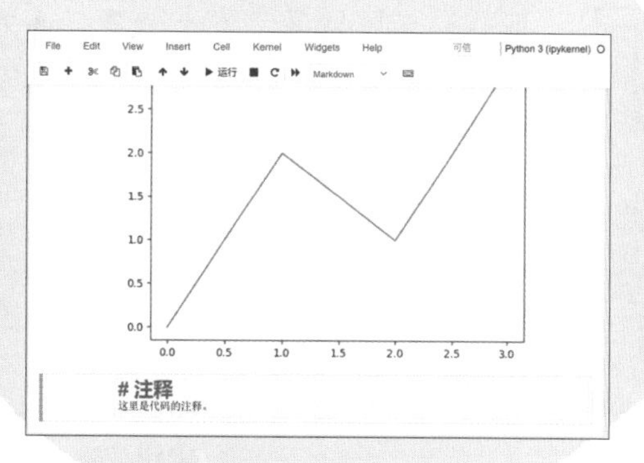
File
Edit
View
Insert
Cell
Kernel
Widgets
Help
Python 3 (ipykernel)
运行
Markdown
2.5
2.0
1.5
1.0
0.5
0.0
0.0
0.5
1.0
1.5
2.0
2.5
3.0
注释
这里是代码的注释。

什么是数据分析？

“数据分析”指观察数据，并从中找到问题解决方法的技术。

您好，博士！我想分析一下收集到的数据，该怎么做？

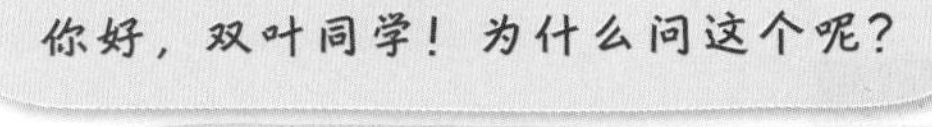

你好，双叶同学！为什么问这个呢？

谢谢博士之前讲解《Python 二级：数据抓取》，我掌握了从互联网上收集数据的方法，但下一步该做什么呢？

下一步是数据分析，我们借助统计学的知识来一探究竟。

啊……我不擅长计算啊！

数据分析和计算不是一回事，其关键是根据数据找到解决问题的方法。

呃……还是觉得很难。

可以借助 Python 进行数据分析，将复杂的计算交给 Python，我们只需要专注于“从数据中能看出什么”。

Python 会帮助我们呀，那我应该能行。

数据分析不等于计算

什么时候进行数据分析？

在实际工作和生活中，我们常常会为如何解决眼前的问题而烦恼。

例如，商店经营者会思考“如何才能提高商店的销售额”，公司职员会苦于“我有一个新的项目提案，怎样才能打动大家”，面临升学的学生会担心“我的成绩到底算好还是差”，等等。

当然，像“直觉告诉我这样更好”“只要坚持到底就能成功”这种凭感觉和毅力来解决问题的方法是不可靠的。我们要基于客观事实找到更好的解决方法。

这个时候，就轮到数据分析出场了。收集并分析实际数据，根据数据理解当前的状态，发现问题所在，从而找到对应的解决办法，这才是符合逻辑的解决方案。客观数据更能够令人信服，即使它一时解决不了问题，也为改善问题铺平了道路。

可见，数据分析是一项收集数据并从中找到问题解决方法的技术。

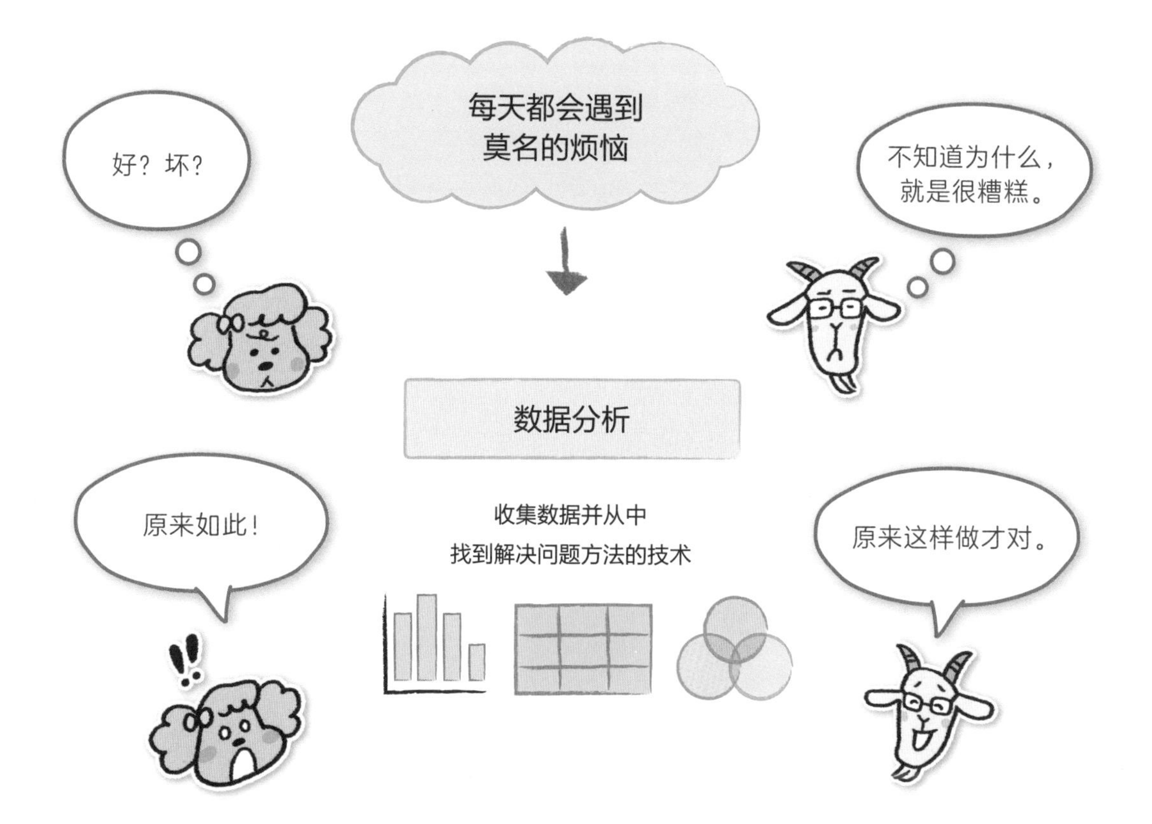

数据分析要用到大量数据。但是人的能力有限，直接观察大量数据也无法理解其中的意义。这个时候就轮到统计学登场，发挥辅助作用了。简单来说，统计学就是从大量数据中找到倾向性，从而总结出规律的学科。也就是说，从大量数据中找到特征，了解当前的状态，再根据规律推测未来的变化。由于这一过程涉及看似复杂的计算公式，所以很多人将数据分析和复杂计算联系在一起。

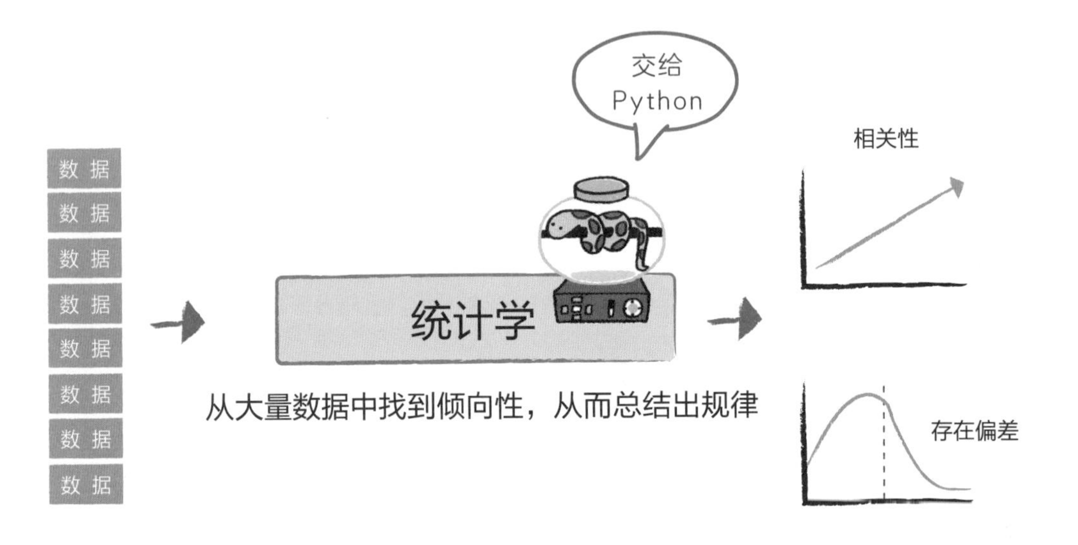

统计学所用的公式绝大多数都已确立，无需我们手动计算。许多手动计算工作，如今也可以由 Excel 等软件代劳。编程语言也提供了很多用于计算的库，如 R 语言和 Python 语言尤其擅长数据分析，提供了大量统计处理和绘制图表的库。

即使人们不太擅长计算，也能够借助 Python 库进行数据分析。关键点在于理解“输入什么数据，进行什么处理，返回什么结果”。

本书不会涉及任何手动计算的知识，而是专注于讲解使用 Python 库进行数据分析的方法。

在实践中，数据分析需要的不是数字计算能力，而是根据数据进行推理的能力，以及使用分析结果解决问题的能力。

数据分析的步骤：PPDAC 循环

本节课为大家带来关于数据分析步骤的一个概念——PPDAC 循环，它描述的统计分析步骤清晰易懂。

数据分析是有步骤的。

步骤?

随便拿来一些数据进行分析，是不会得到令人满意的结果的，对吧?

是的，要先想清楚分析思路。但我不知道具体该怎么做。

这个时候，如果有指导步骤，就方便多了。按照步骤一步一步思考就能分析出来啦。

那太好了，我正需要呢。

有不少关于数据分析步骤的实用的理论，本节课介绍应用广泛、简单易懂的“PPDAC 循环”。

PPDAC 循环

① Problem（明确问题）
② Plan（制定计划）
③ Data（收集数据）
④ Analysis（分析数据）
⑤ Conclusion（总结）

PPDAC 循环按照以下 5 个步骤进行。

① Problem（明确问题）

首先要明确问题是什么，数据分析的目的是什么。没弄清楚问题是什么，盲目分析数据也只能得到毫无意义的结果。

问题明确之后，紧接着提出假说。这样就能知道究竟要研究什么了。

· 明确问题：当前要研究的问题是什么？

· 提出假说：对于当前的问题，最有可能的原因或影响因素是什么？

② Plan（制定计划）

接下来思考需要什么样的数据，以及收集数据的方法。

提出可能存在的假说后，思考调查问题所需的数据。

同时，要思考如何收集和获取这些数据，比如从已有数据中筛选，或者通过实验、调查问卷等方式获取。

· 预估数据：需要什么样的数据？

· 制定收集计划：用什么方法收集数据？

③ Data（收集数据）

制定调查计划后，按计划获得所需的数据。将数据输入计算机，做好数据分析的准备工作。

· 准备数据：将收集到的数据转换为计算机可用的格式。

· 确认数据是否可用：数据是否存在缺陷？

④ Analysis（分析数据）

至此正式进入数据分析的步骤。简单来说，通过收集的数据理解问题的状态，根据数据的倾向性预测今后的变化和发展，并绘制易于理解的图表。Python 在这个步骤就派上用场了。给 Python 输入相关命令并执行，得到想要的结果。

· 概括数据，理解状态：代表值、标准差。

· 观察数据的倾向性和规律：相关分析、回归分析。

⑤ Conclusion（总结）

这一步是对以上步骤的总结。思考"根据收集的数据理解当前状态，分析当前的问题，找到解决和改善问题的方案"，总结出"对于当前问题人们能够实行的解决办法"。有了上述结论就可以解决当前的问题，并且具有充分的说服力。

某些情况下，这 5 个步骤还不能完全解决问题。此时就要再次回到第 1 步"Problem（明确问题）"，进一步思考新的尚未解决的问题。

这种循环称为"PPDAC 循环"——用"Problem""Plan""Data""Analysis"和"Conclusion"5 个单词的首字母命名。数据分析就是遵循这样的循环来解决问题的。

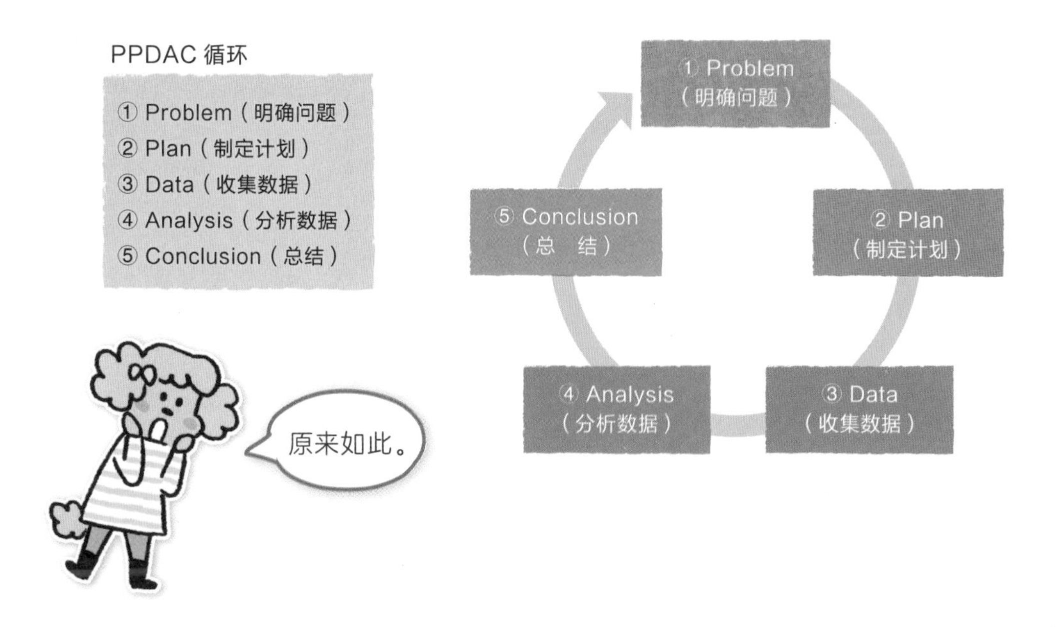

第3课 Jupyter Notebook的安装方法

为了更方便地进行数据分析，我们在计算机上安装Jupyter Notebook。下面分别介绍在Windows和macOS系统中的安装方法。

我们来为计算机安装 Jupyter Notebook 吧。

什么？我的计算机里已经安装了 Python 和 IDLE 了啊。

IDLE 等工具适合"编写程序文件并执行"，而 Jupyter Notebook 适合"逐步输入并执行"。

逐步执行？

这种模式能够快速查看阶段性的执行结果，发现错误就能立刻修改代码——方便在试错过程中推进程序。

原来如此。

按照程序－执行结果－程序－执行结果的方式依次显示，让分析处理流程一目了然，还能在中间加入注释，特别适合数据分析。

Jupyter Notebook 就是能执行 Python 程序的交互式笔记本啊。

Jupyter Notebook 是能像笔记本一样存储程序并执行程序结果的应用程序。启动应用程序会用到Anaconda Navigator，但应用程序本身是在浏览器中显示的。

在 Windows 系统安装 Jupyter Notebook

Jupyter Notebook 可以在 Python 下直接使用 **pip** 命令安装，但是需要安装的工具众多，较为烦琐。Anaconda 是专为数据分析、机器学习等用途开发的工具软件包，集成了 Python、Jupyter Notebook 和许多必要的库，支持“开箱即用”。

接下来介绍在 Windows 系统安装 Anaconda 的步骤。

① 下载 Anaconda 安装程序

从 Anaconda 官方网站下载安装程序。

在 Windows 系统通过浏览器打开下载页面后，❶ 点击“Download”按钮，网站会自动下载 Windows 版本的安装程序。2022 年 10 月以后，考虑到 64 位操作系统的普及，Anaconda 只提供 64 位的安装程序。

Anaconda 下载地址：https://www.anaconda.com/download

※ 使用 Windows 系统默认的 Microsoft Edge 浏览器。

②运行安装程序

下载完成以后，❶ 在“下载”工具栏点击安装包下方的“打开文件”，运行安装程序。

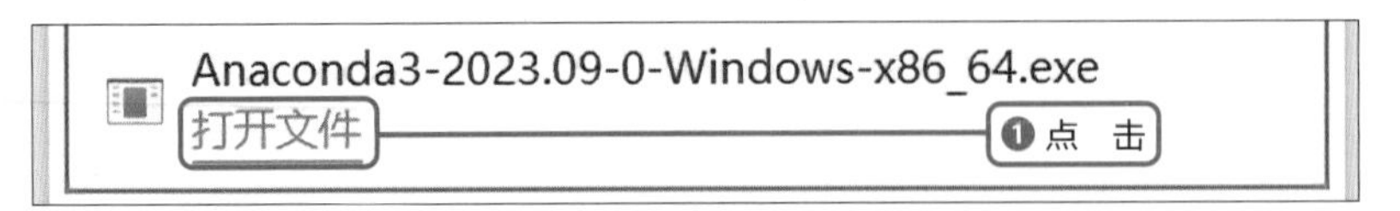

③安装程序的运行步骤

运行后出现安装程序的启动画面。按照图示步骤依次点击 ❶“Next >”、❷“I Agree”、❸“Next >”、❹“Next >”、❺“Install”按钮。

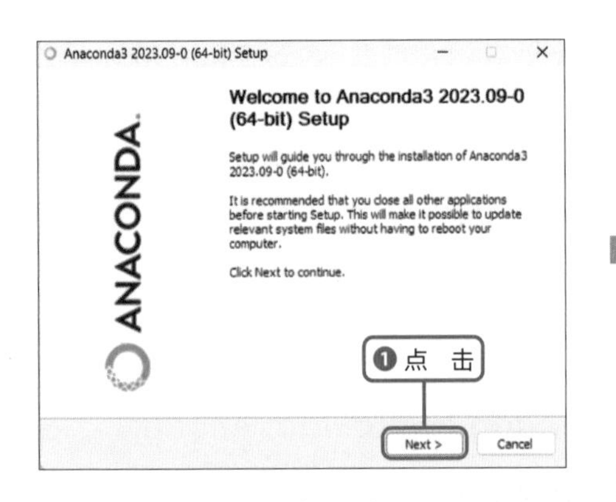

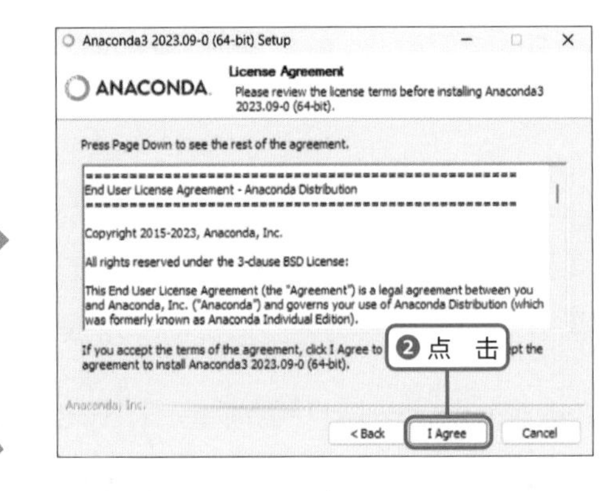

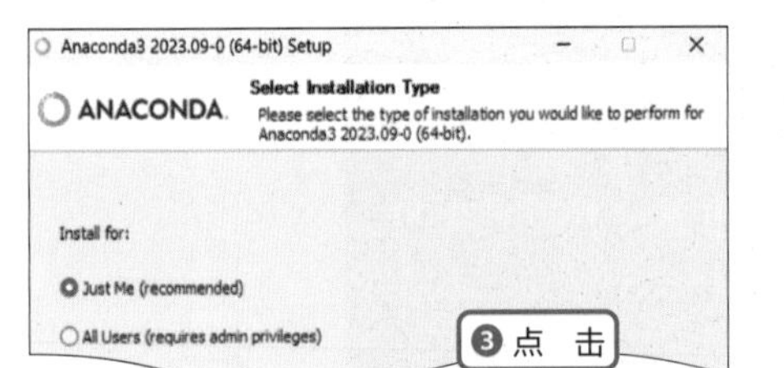

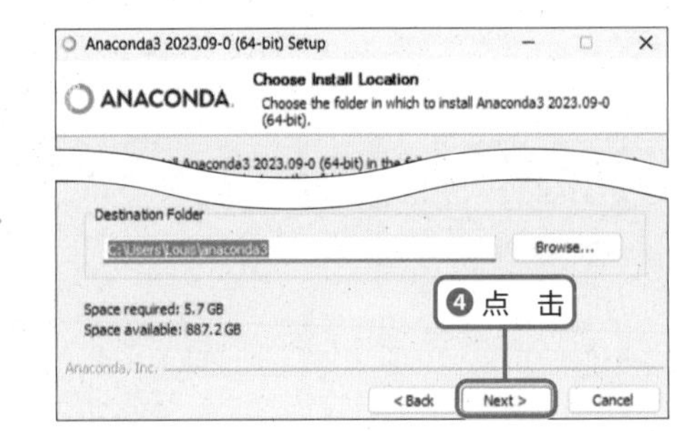

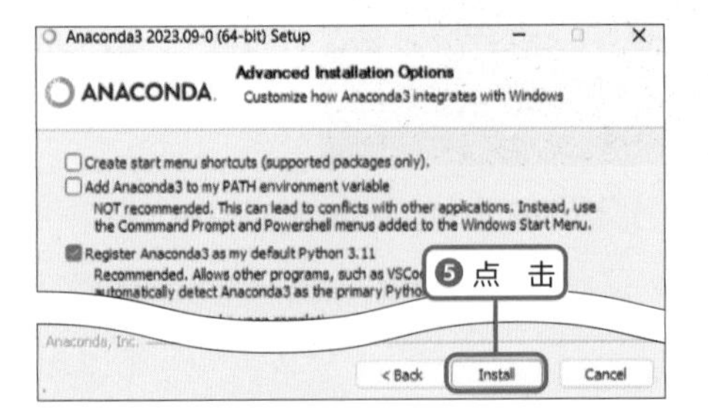

④结束安装程序

❶ 安装程序进行文件复制，这一步完成后点击若干次“Next >”。❷ 点击“Finish”结束安装程序。

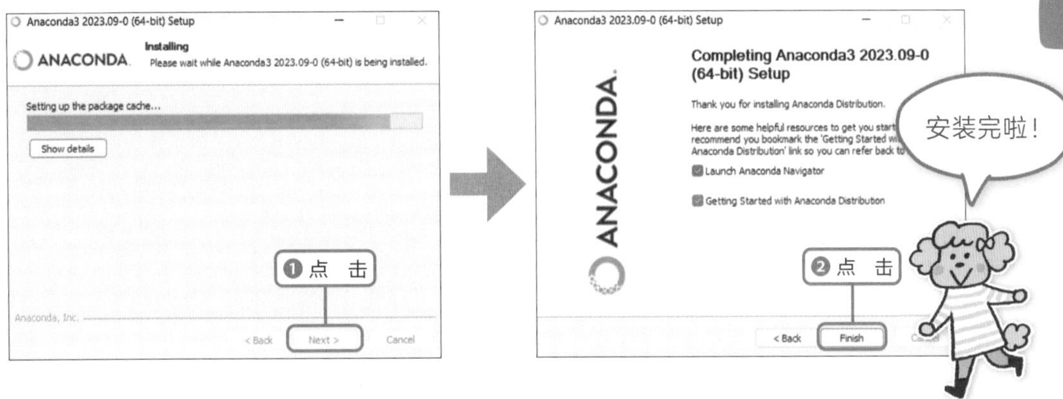

在 macOS 系统安装 Jupyter Notebook

下面是在 macOS 系统安装 Anaconda 的步骤。

①下载 Anaconda 安装程序

从 Anaconda 官方网站下载安装程序。

在 macOS 系统通过浏览器打开下载页面后，❶ 点击“Download”按钮。由于 macOS 系统的 CPU 有 Intel（x86）和 Apple M 系列芯片（ARM）两种，需要选择与 CPU 对应的安装程序。❷ 点击对应的安装程序进行下载（编者使用的是 Apple M1）。

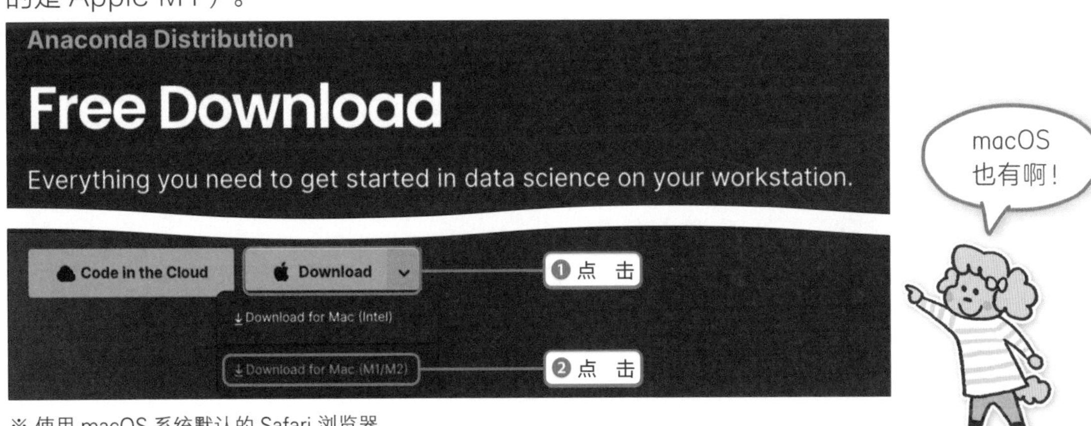

※ 使用 macOS 系统默认的 Safari 浏览器。

②运行安装程序

在“访达”（Finder）窗口中找到下载的安装程序 Anacode3-20**.**-MacOSX-***.pkg。❶ 双击运行安装程序。

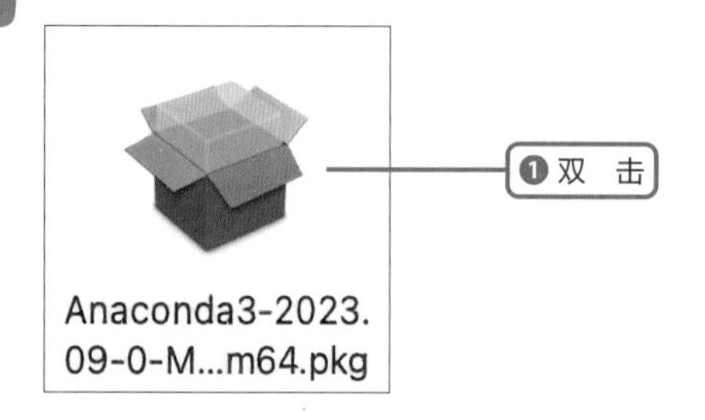

③安装程序的运行步骤

❶ ~ ❸ 在安装程序的“介绍”“请先阅读”“许可”界面点击“继续”按钮。❹ 在弹出的对话框中点击“同意”按钮。❺ 点击“继续”按钮。

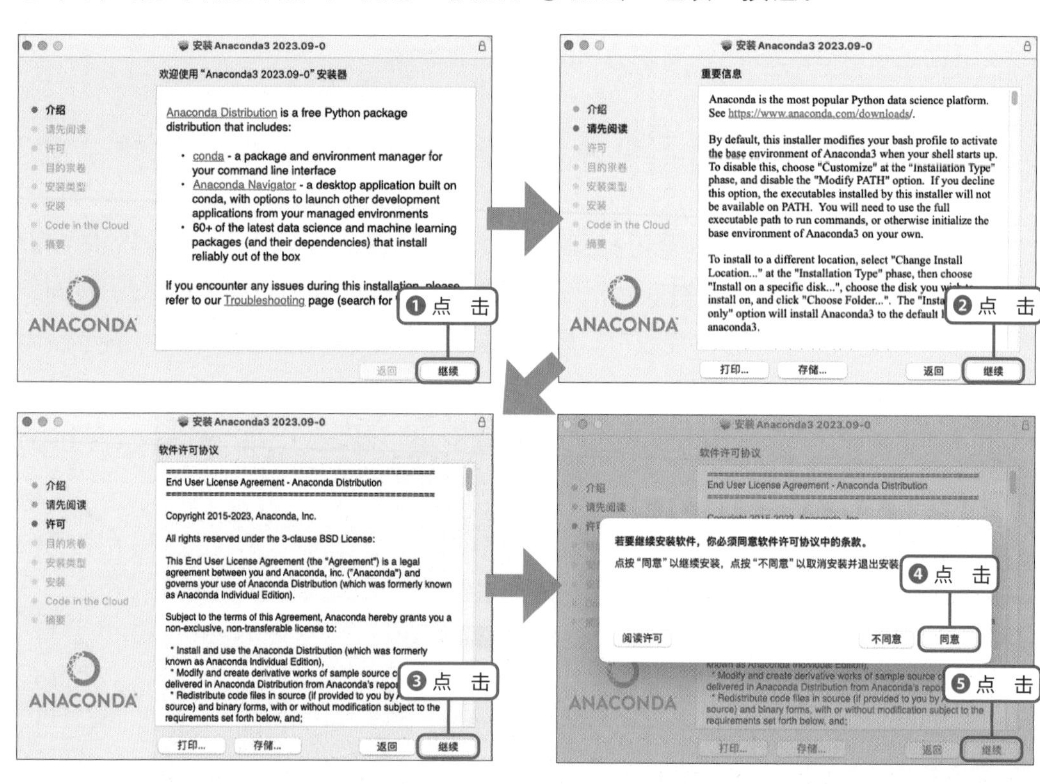

④ macOS 系统安装程序的额外步骤

❶ 在“目的宗卷”界面选择“仅为我安装”。❷ 点击“继续”按钮。❸ 在“安装类型”界面点击“安装”按钮。当前的 Anaconda 一般会安装到用户目录下，如果安装到其他地方（如系统目录），则可能要求输入用户名和密码。

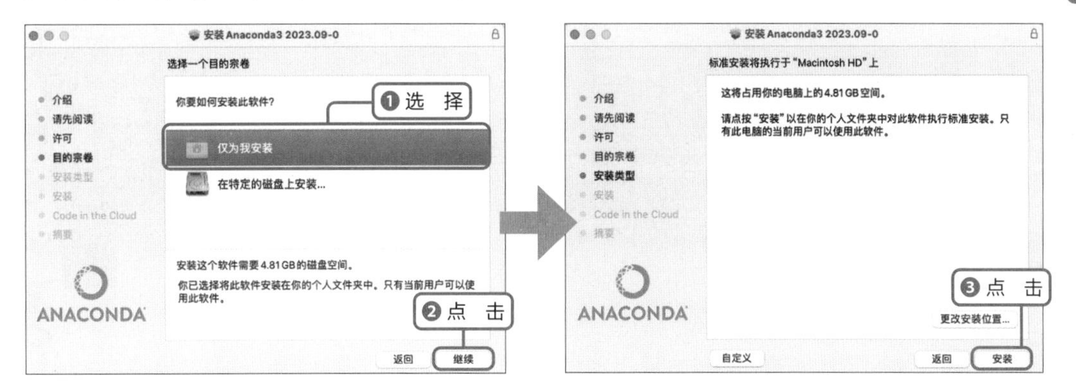

⑤ 结束安装程序

安装完成后，❶ 在“Code in the Cloud”界面点击“继续”按钮。
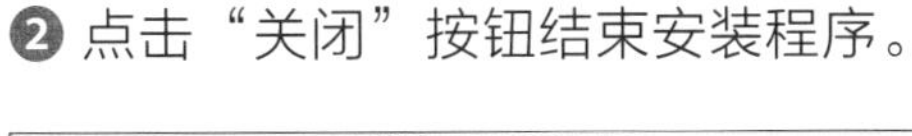
❷ 点击“关闭”按钮结束安装程序。

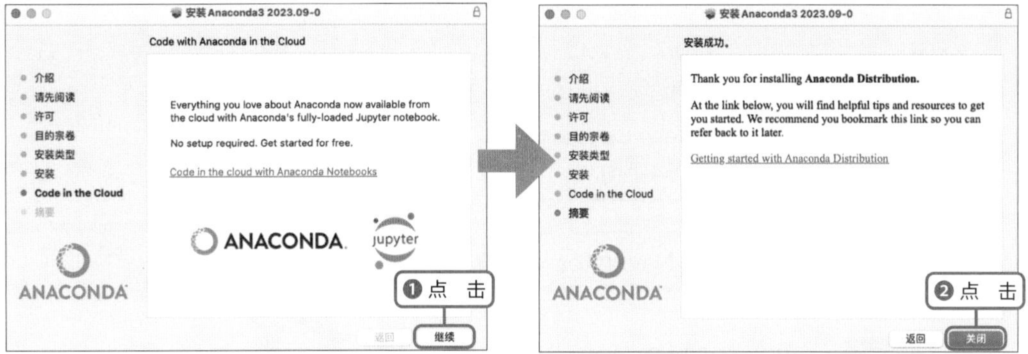

Jupyter Notebook的使用方法

启动 Jupyter Notebook，试着执行简单的 Python 代码。

启动 Jupyter Notebook

Jupyter Notebook 可以通过命令提示符（终端）或者 Anaconda Navigator 打开。这里采用后一种方法。

①-1 在 Windows 系统从“开始”菜单启动

❶ 点击任务栏的“开始”按钮打开“开始”菜单。❷ 在程序列表中点击“Anaconda3”文件夹。❸ 在文件夹下选择“Anaconda Navigator”。

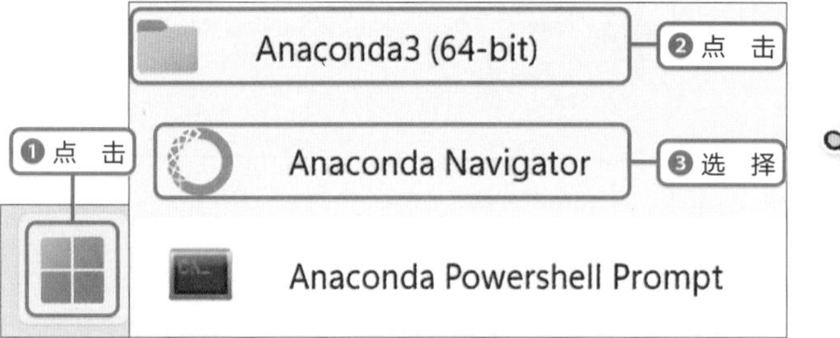

①-2 在 macOS 系统从“应用程序”文件夹启动

打开“访达”。❶ 在“应用程序”中双击“Anaconda Navigator.app”。

②启动 Jupyter Notebook

启动 Anaconda Navigator 后，❶确认是否已选择“Home”。❷找到 Jupyter Notebook，点击“Launch”。此时浏览器会自动启动，显示 Jupyter Notebook 界面。

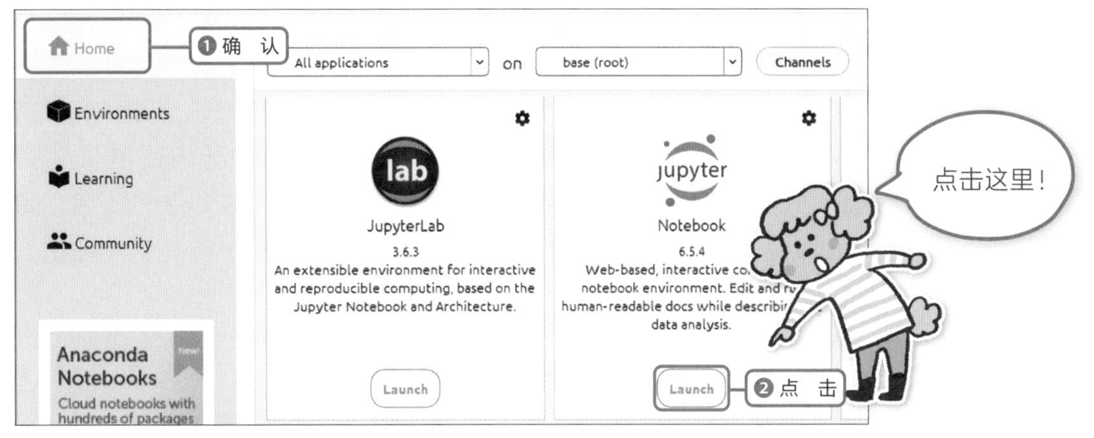

※ 点击“Launch”后会启动系统默认的浏览器：在 Windows 系统默认为 Microsoft Edge，在 macOS 系统默认为 Safari。如果用户将其他浏览器（如 Chrome）设为默认浏览器，则启动相应的浏览器。

③选择操作文件夹

在 Jupyter Notebook 界面会显示计算机用户的个人文件夹。

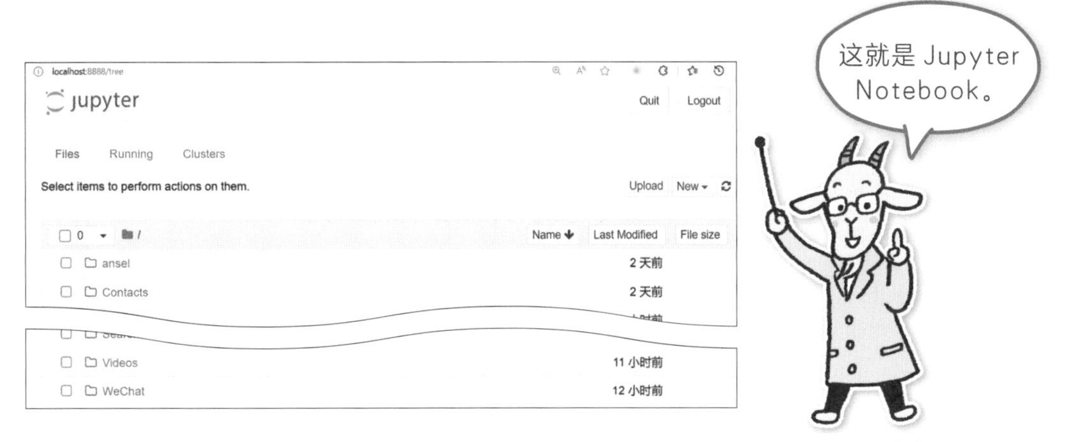

可以创建专用的文件夹，在那里编写文件，也可以选择已有的文件夹。

在 Jupyter Notebook 里创建文件夹。❶点击右上角的“New”菜单，❷选择其中的“Folder”，这样就可以创建一个名为“Untitled Folder”的文件夹。

想要修改文件夹的名称时，❸勾选“Untitled Folder”左边的复选框，❹点击左上角的“Rename”按钮，弹出对话框。❺输入新的文件夹名称，如“JupyterNotebook”。❻点击对话框的“重命名”（或“Rename”）按钮。

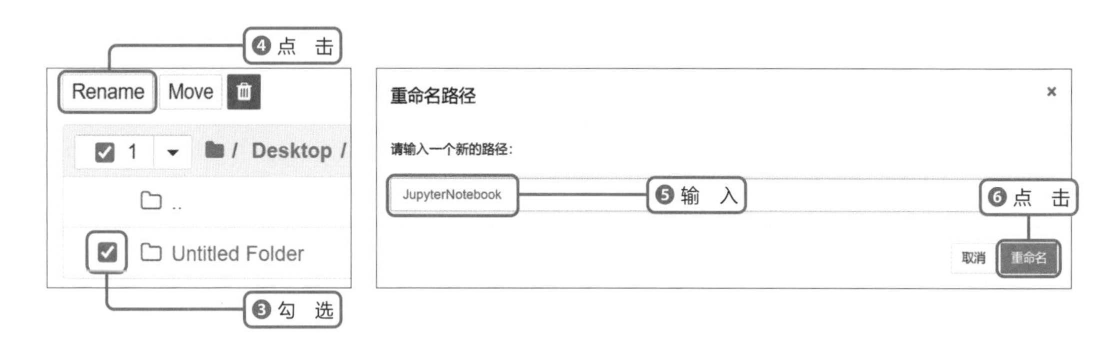

❼点击重命名之后的文件夹。❽可以看到文件夹在浏览器中打开的状态。

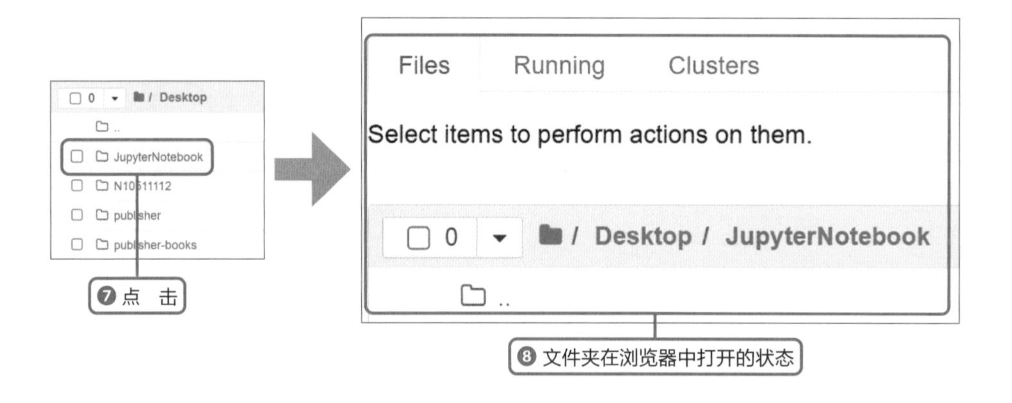

④ 新建 Python3 的笔记本（Notebook）

文件夹现在是空的，我们来创建新的 Python 笔记本（Notebook）吧。

❶ 点击右上角的“New”菜单。❷ 选择其中的“Python3（ipykernel）”。❸ 此时，新的 Python3 笔记本已创建好，可以在单元格中编写代码并执行。

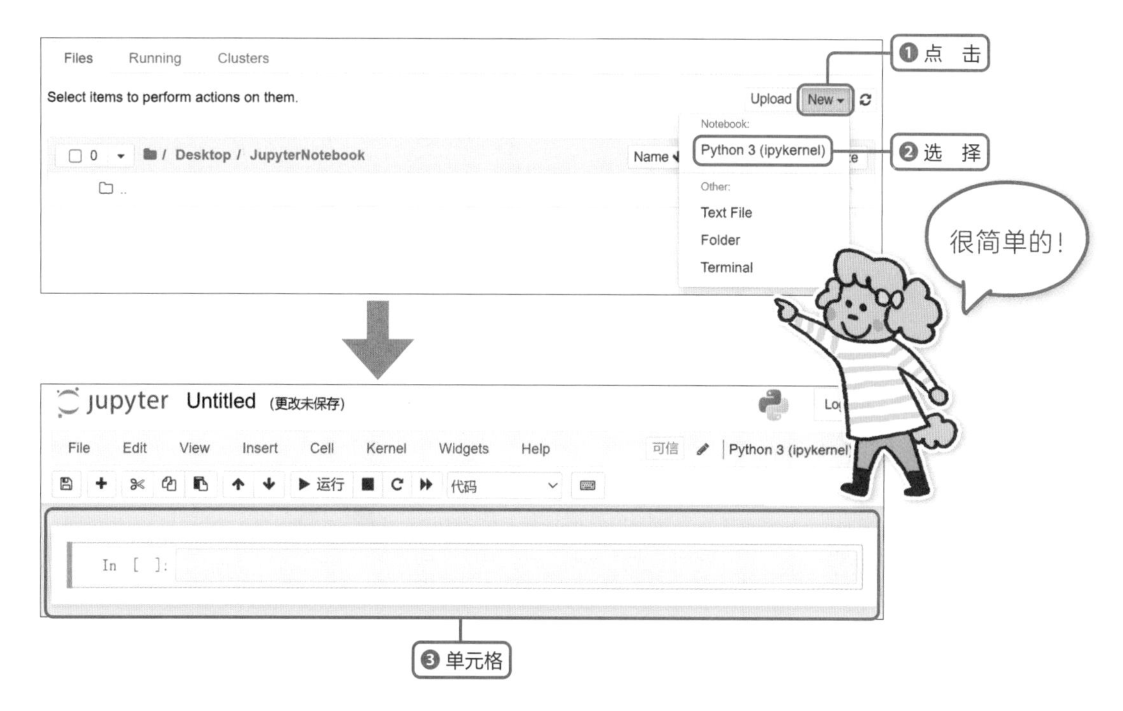

新建的笔记本名为“Untitled”。想要修改文件名时，❶ 点击页面上方的“Untitled”。❷ 在出现的对话框中修改文件名。❸ 点击“重命名”（或“Rename”）。

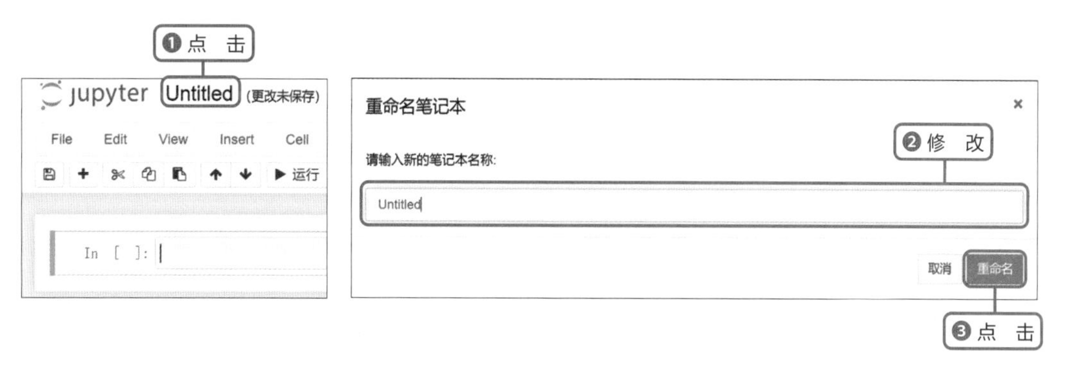

输入代码并执行

①在单元格中输入代码

Notebook 中标有“In: []”的矩形框就是“单元格”。我们在其中输入 Python 代码（见清单 1.1）。

【输入代码】清单 1.1

```
print("Hello")
```

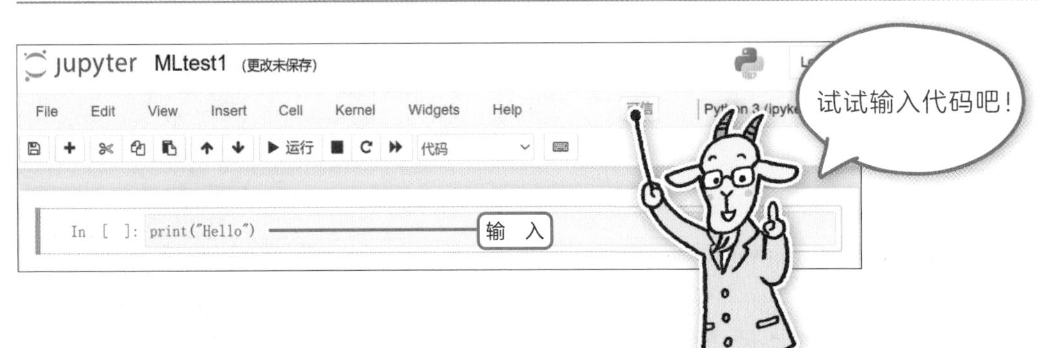

②执行代码

❶ 点击单元格上方的“运行”（或“Run”）按钮，执行“选中的单元格”。❷ 结果显示在单元格下方。也可以通过在“Cell”菜单中选择“Run Cells”菜单项，或者按快捷键 Ctrl+Enter（Windows 系统，按住 Ctrl 键后再按 Enter 键；macOS 系统，快捷键是 Shift+Enter）来执行。

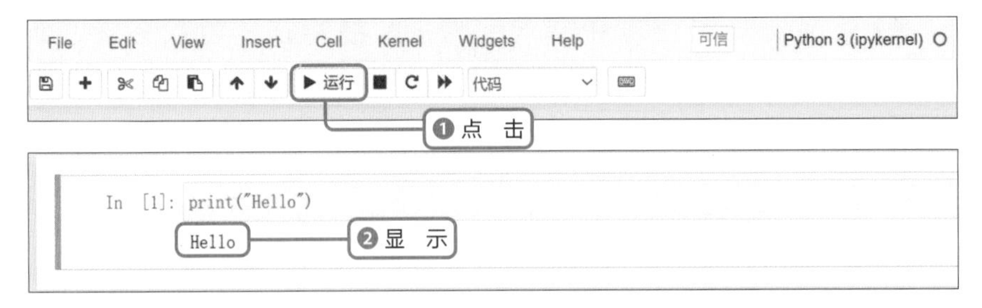

代码执行后，单元格左侧会由“In []”变为“In [1]”。其中的数字表示“打开 Notebook 后，单元格第几次执行”，数字会随着执行次数的增加而增加。

关闭 Jupyter Notebook

①关闭 Notebook 文件

❶ 点击打开“File”菜单。❷ 选择“Save and Checkpoint”（或“Save”）菜单项。❸ 重新打开“File”菜单。❹ 选择“Close and Halt”菜单项。

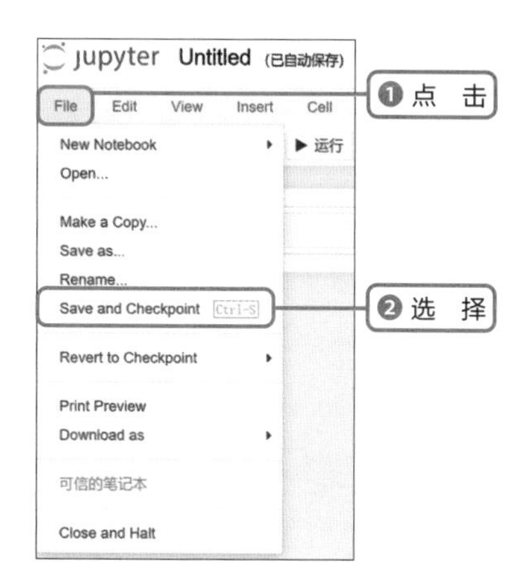

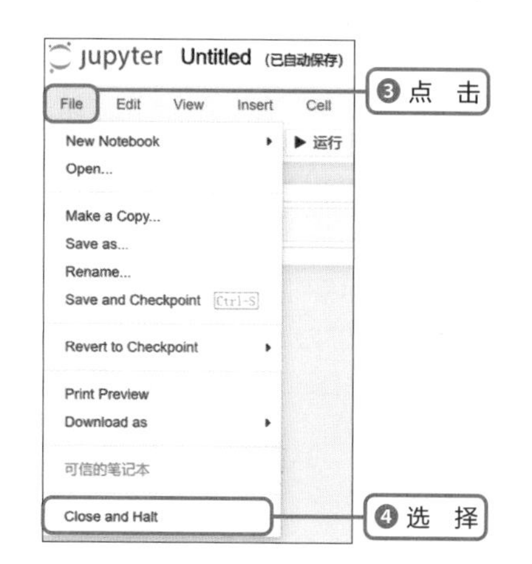

②关闭 Jupyter Notebook 程序

关闭 Notebook 文件后，Jupyter Notebook 程序仍在运行。❶ 点击右上角的“Quit”按钮，彻底关闭 Jupyter Notebook 程序。

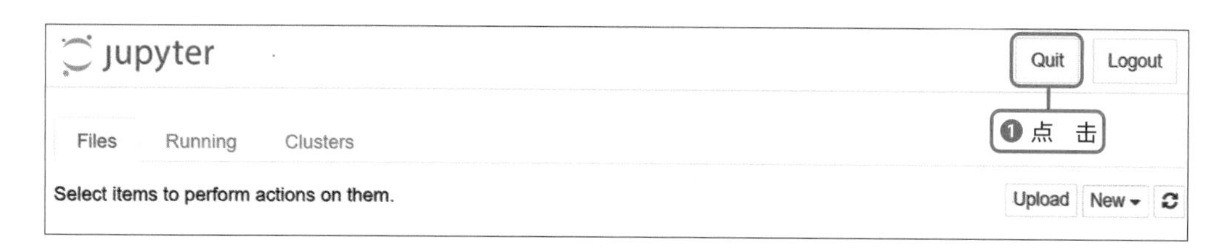

❷ 此时会显示“Server stopped”，关闭浏览器窗口即可。

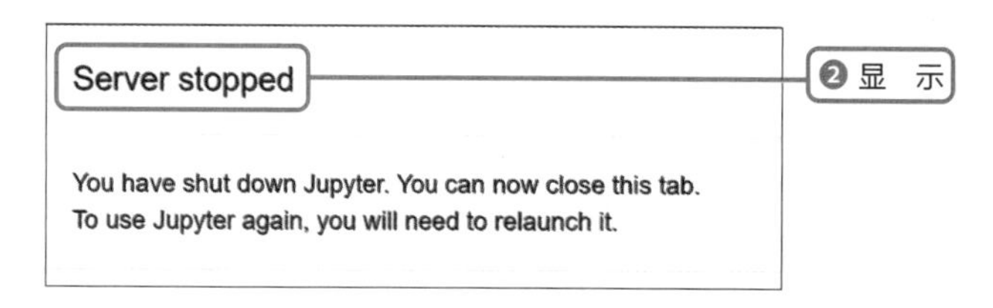

使用 Anaconda Navigator 便捷安装外部库

利用 Anaconda Navigator 能够方便地安装外部库。接下来介绍本书使用的几个外部库的安装步骤，包括 pandas、numpy、matplotlib、seaborn 和 scipy。较新版本的 Anaconda 可能已经预先安装了这些库，可以通过接下来的步骤进行检查。

① 选择环境

启动 Anaconda Navigator。❶ 选择“Environments”。

② 检查 pandas 的安装

❶ 选择“All”。❷ 在搜索框中输入“pandas”。❸ 出现“pandas”的选项，若左边的复选框已勾选，说明Anaconda已为我们安装了pandas；如果没有勾选，则点击复选框，表示将要安装pandas。这时下方会出现“Apply”按钮，点击安装。

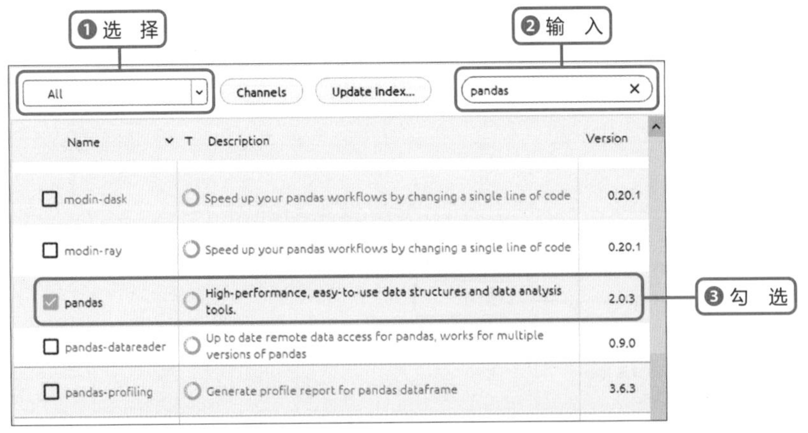

※ 如果在搜索框输入后未显示，可点击“Update Index...”按钮刷新。

③ 检查 numpy 的安装

同上，在搜索框中输入“numpy”。如果没有安装，勾选后点击“Apply”按钮进行安装。

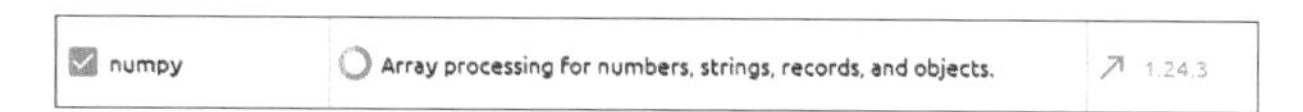

④ 检查 matplotlib 的安装

同上，在搜索框中输入“matplotlib”。如果没有安装，勾选后点击“Apply”按钮进行安装。

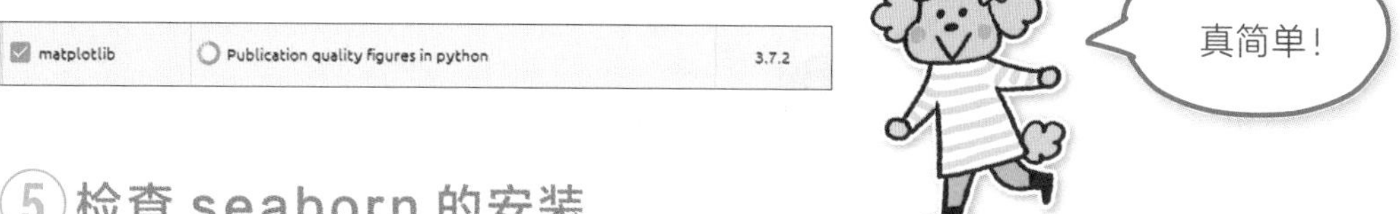

⑤ 检查 seaborn 的安装

同上，在搜索框中输入“seaborn”。如果没有安装，勾选后点击“Apply”按钮进行安装。

⑥ 检查 scipy 的安装

同上，在搜索框中输入“scipy”。如果没有安装，勾选后点击“Apply”按钮进行安装。

绘制图表并添加注释

①启动 Jupyter Notebook

我们将在 Jupyter Notebook 中打开刚刚保存的文件。除通过“开始”菜单等方式启动之外，还可以在 Anaconda Navigator 中启动。❶ 点击“Home”按钮。❷ 点击“Jupyter Notebook”下方的“Launch”按钮。

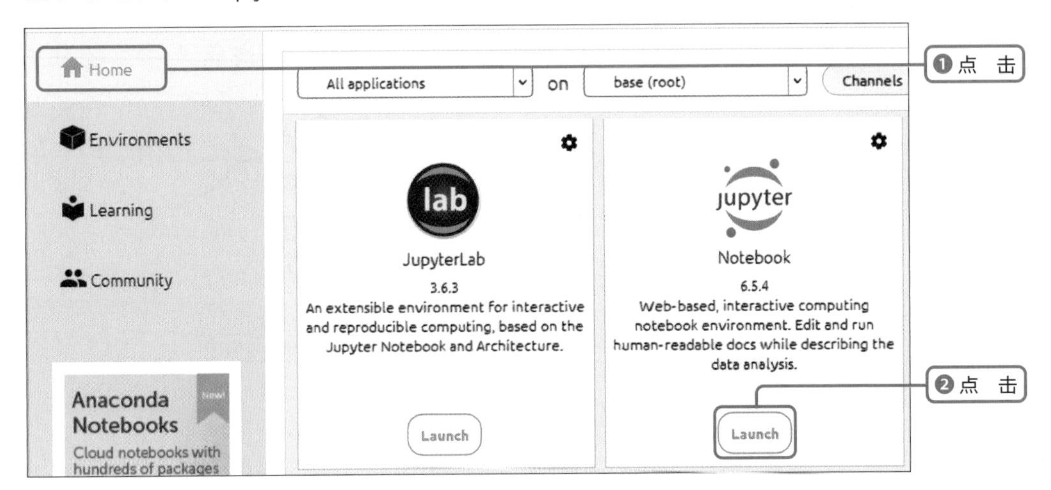

②打开 Notebook 文件

在 Jupyter Notebook 界面选择文件夹，弹出刚刚保存的以“.ipynb”为后缀名的 Notebook 文件。❶ 点击打开文件。

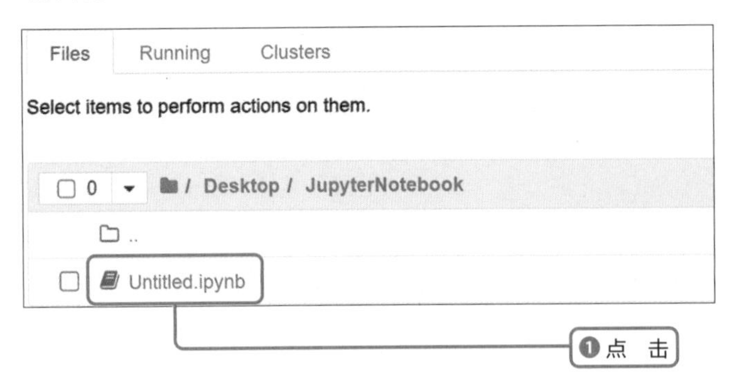

③ 添加新单元格

我们逐步在单元格内编写代码并执行。❶ 在工具栏中点击“+”按钮添加新单元格。❷ 在下方显示添加的新单元格。也可以用快捷键添加，在单元格被选中时，在 Windows 系统按 Alt+Enter 键（macOS 系统按 Option+Enter 键）添加新单元格。

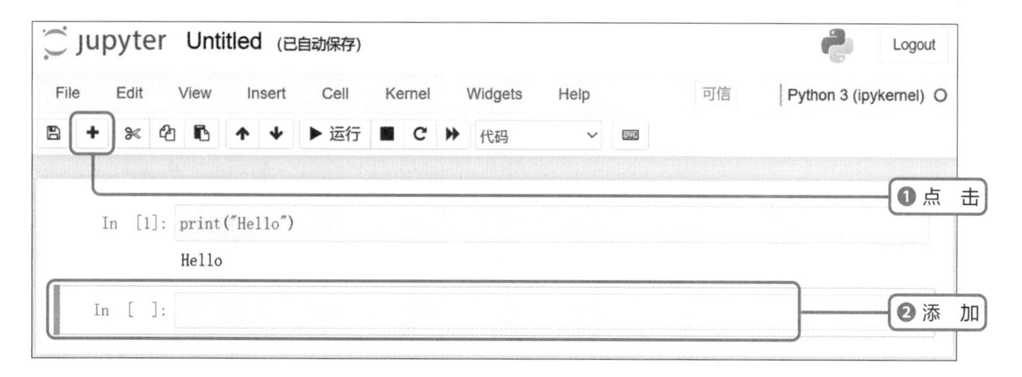

④ 输入绘图代码并执行

我们在清单 1.2 中准备了绘图代码的样例，输入到单元格中。

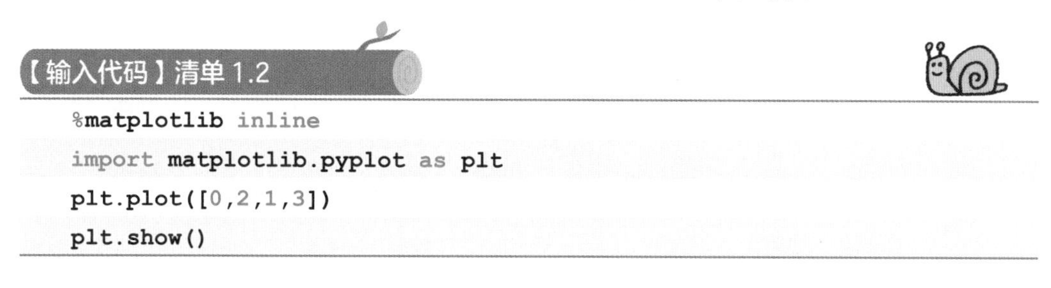

【输入代码】清单 1.2

```
%matplotlib inline
import matplotlib.pyplot as plt
plt.plot([0,2,1,3])
plt.show()
```

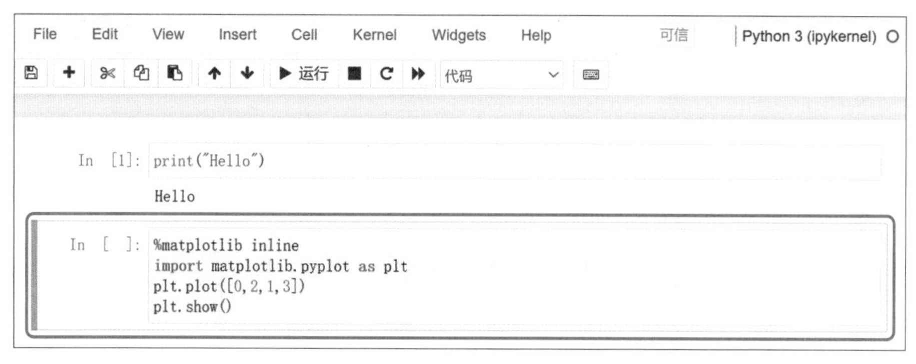

⑤执行单元格的代码

❶点击“运行”（或“Run”）按钮。❷在 Jupyter Notebook 中显示折线图。

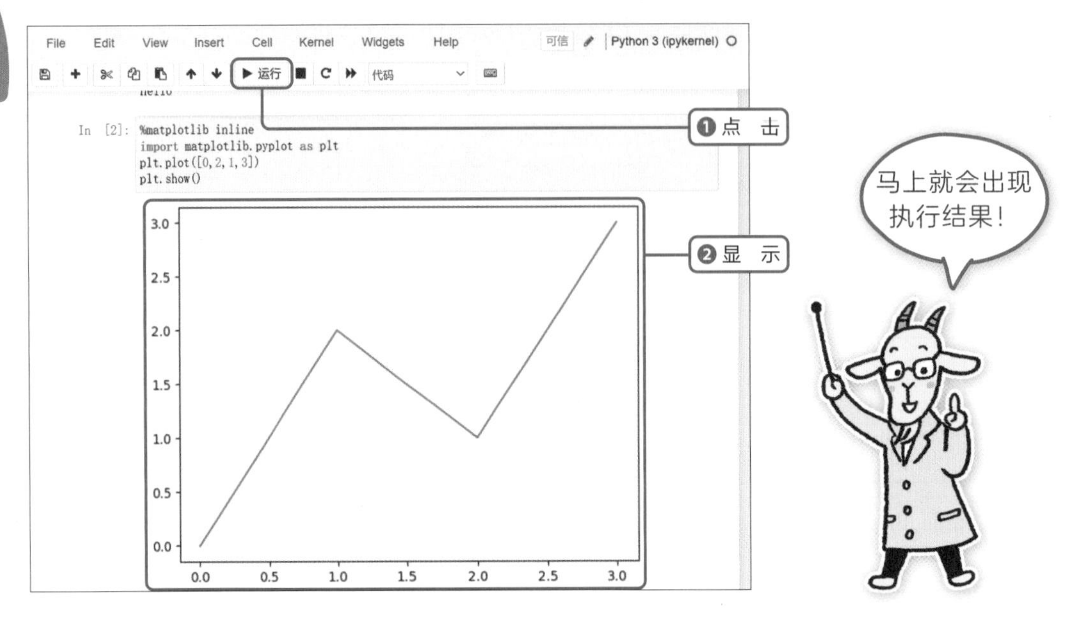

⑥添加注释文字

在 Jupyter Notebook 的单元格中不仅能编写 Python 程序，还能编写注释或说明文字（见清单 1.3）。❶选中单元格，将“运行”按钮右边的下拉框修改为“Markdown”，即可转换为文字模式。❷用 Markdown 语法输入注释文字：第 1 行为标题，第 2 行为注释的正文内容。

【输入代码】清单 1.3

```
# 注释
这里是代码的注释。
```

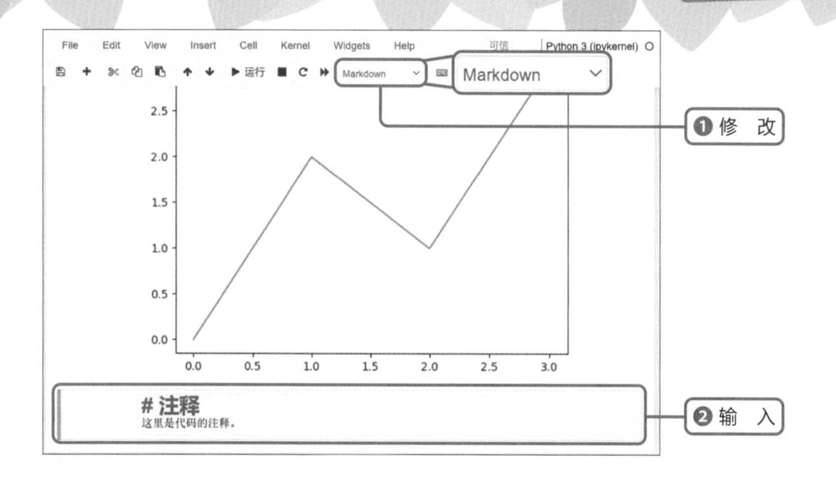

⑦执行注释单元格

选中刚才编写注释的单元格。❶ 点击“运行”（或“Run”）按钮。❷ 显示指定格式的注释文字（双击单元格可进行修改）。

我们把前面编写的内容保存为一个好记的文件名，如“chap001.ipynb”。❸ 点击界面上方的“Untitled”。❹ 输入文件名“chap001”。❺ 点击“重命名”（或“Rename”）按钮。

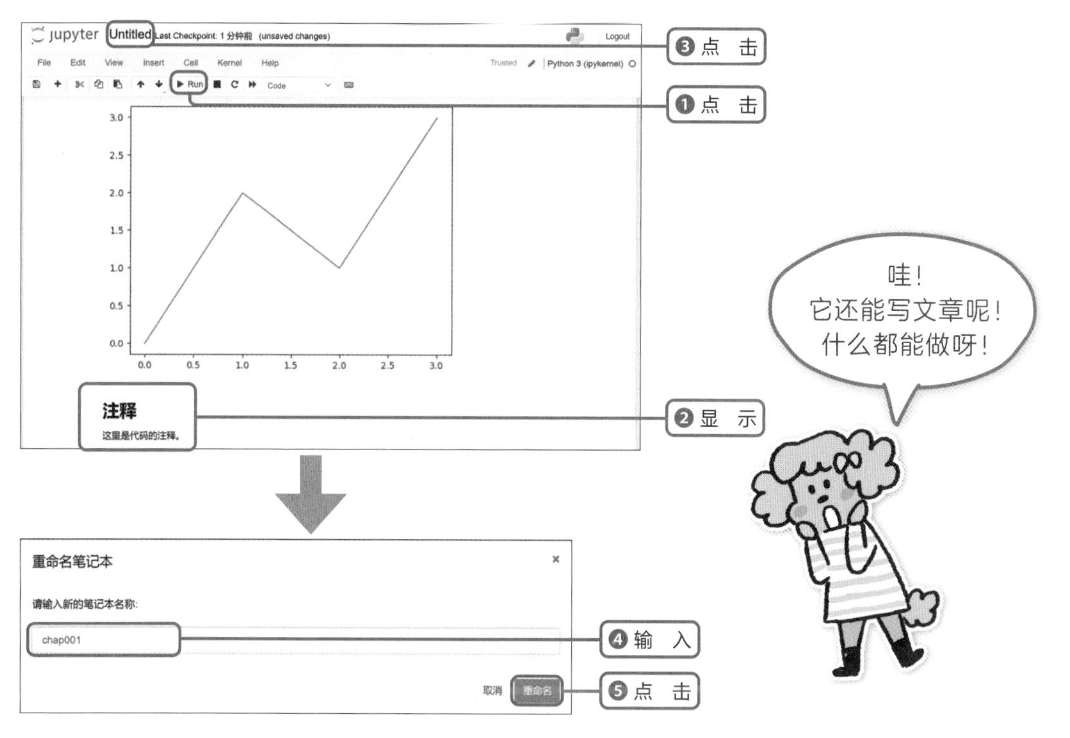

Jupyter Notebook 中的 Markdown 写法

Markdown 是一种用符号指定格式的书写方法。包括 Jupyter Notebook 在内，许多工具都能够通过识别 Markdown 符号输出具有丰富格式的文字。

常见的 Markdown 格式符号如下。

· 标题：在行的开头加“#”号

```
# 一级标题
## 二级标题
### 三级标题
```

· 列表：在行的开头加“+”“-”或“*”号

```
- 列表
+ 列表
```

· 引用：在行的开头加“>”号

```
> 引用
>> 嵌套引用
```

各个库的 API 帮助手册

● pandas DataFrame 的 API 帮助手册

https://pandas.pydata.org/pandas-docs/stable/reference/frame.html

● matplotlib 中 pyplot 模块的 API 帮助手册

https://matplotlib.org/stable/api/pyplot_summary.html

● seaborn 的 API 帮助手册

https://seaborn.pydata.org/api.html

收集数据的预处理

我正在看数据，可是有一些数据是空的。
嗯？我看看，是这么回事啊。

原来是小动物饲养员休息的日子。
8/4 方形“星粒”
8/5
8/6 三角形“星粒”
8/7

那没办法，遇到这种情况要提前整理数据。
这就是数据的“预处理”。
预处理

预处理？提前处理数据？

没错！提前对数据中缺少的部分进行处理，也是预处理的一部分。
是这样啊！

接下来看看数据预处理的方法吧！
预处理
好的！

引 言

读取表格数据

	姓名	语文	数学	英语	学号
	A洋	83	89	76	A001
1	B刚	66	93	75	B001
2	C婷	100	84	96	B002
3	D浩	60	73	40	A002
4	E美	92	62	84	C001

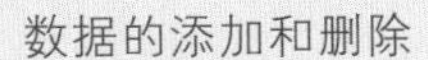

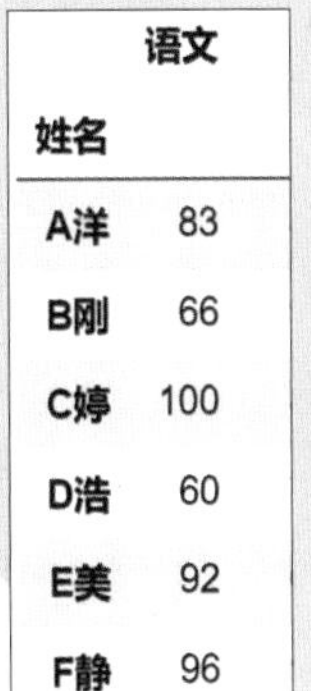

粗略观察数据

列数据

	名称	语文	数学	英语	学号
0	A 洋	83	89	76	A001
1	B 介	66	93	75	B001
2	C 子	100	84	96	B002
3	D 郎	60	73	40	A002
4	E 美	92	62	84	C001
5	F 菜	96	92	94	C002

数据的添加和删除

姓名	语文
A洋	83
B刚	66
C婷	100
D浩	60
E美	92
F静	96

姓名	语文	数学	英语	学号
A洋	83	89	76	A001

检查数据错误

	语文	数学
A洋	90.0	80.0
B刚	50.0	NaN
C婷	NaN	NaN
D浩	40.0	50.0

读取表格数据

本节课讲解利用 pandas 库将 CSV 格式文件读入数据框的方法。

数据分析的第一步，是观察收集的数据。

为什么？ Python 不是会帮我分析数据吗？

收集到的新鲜数据中，有的数据有用，有的数据可能没用。
真实数据中还可能包括错误输入的数据。

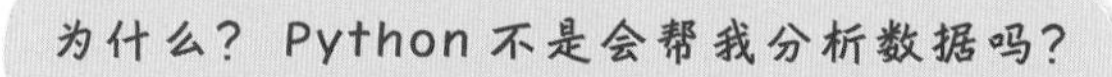

这样啊。如果数据不对，再怎么分析也得不出正确的结果。

数据分析前的检查称为“预处理”。我们一起来看一看吧。

什么是表格数据?

数据分析主要使用表格数据。表格数据是由行和列组成的数据。

表格中横向每一行表示一条数据。例如，地址簿数据中一个人的信息、商品购买数据中一个品类的信息、全国人口普查统计数据中一个县 / 市的信息等，都以一条数据的形式表示。一条数据通常也称为“行”（row）或“记录”（record），在表格数据中按从上到下的顺序查看。

表格中纵向每一列表示一个项目。项目是指一条数据包含的各种元素的种类。例如，地址簿数据的项目包括姓名、性别、家庭地址、电话号码、工作地址、生日等。一个项目通常也称为“列”“栏”（column）或“栏目”，在表格数据中按从左到右的顺序查看。

表格中每个格子代表一个“元素”（element），其计算机术语为“字段”（field），在 Excel 等软件中称为“单元格”。

用过 Excel 就容易理解了!

列（一个项目）

	姓名	语文	数学	英语	学号
0	A洋	83	89	76	A001
1	B刚	66	93	75	B001
2	C婷	100	84	96	B002
3	D浩	60	73	40	A002
4	E美	92	62	84	C001
5	F静	96	92	94	C002

行（一条数据）

元素（一个单元格）

表格最上方的一行通常是项目名称（有的表格数据没有），表示每一列是什么项目，称为“表头”。

表格最左侧的一列通常是记录编号（有的表格数据没有），表示每一行是第几条数据，也称为“索引”。

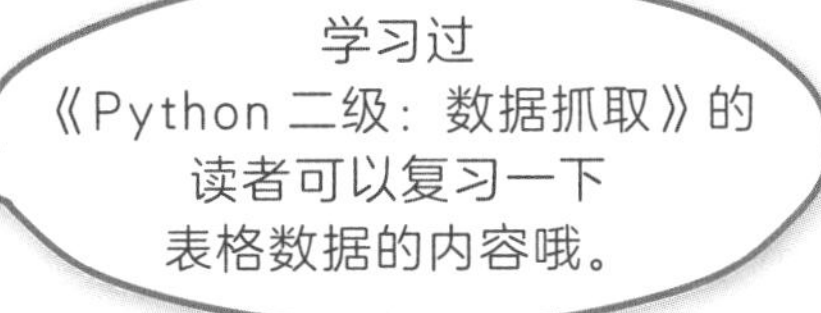
学习过
《Python 二级：数据抓取》的
读者可以复习一下
表格数据的内容哦。

表头（项目名称）

	姓名	语文	数学	英语	学号
0	A洋	83	89	76	A001
1	B刚	66	93	75	B001
2	C婷	100	84	96	B002
3	D浩	60	73	40	A002
4	E美	92	62	84	C001
5	F静	96	92	94	C002

索引（记录编号）

创建数据框

用 Python 处理表格数据通常用 pandas 库。将表格数据输入数据框（data frame）对象，可以进行数据的添加、删除、提取、计算和保存等操作。数据框是 pandas 提供的数据格式，可以像 Excel 一样按照行和列管理数据。

创建数据框是数据操作的基础，一定要熟练掌握。

一般在代码开头使用 **import pandas as pd** 语句，将 **pandas** 省略为 **pd**。指定“**<数据框> = pd.DataFrame(data)**”等可以创建数据框对象。

我们也可以用代码通过行数据直接创建数据框对象。

例如，假设有 3 个科目的考试数据，“A 洋的成绩是 83,89,76”“B 刚的成绩是 66,93,75”“C 婷的成绩是 100,84,96”，那么可以用以下方式创建数据框对象。

格式：通过行数据创建数据框对象

```
data = [[<第 1 行数据>],[<第 2 行数据>],[<第 3 行数据>]]
数据框 = pd.DataFrame(data)
```

接下来在 Jupyter Notebook 的单元格中输入 Python 代码（见清单 2.1）。在 Jupyter Notebook 中，将数据框变量的名称类似命令一样单独输入，就可以显示变量的内容。在代码最后写上 **df**，点击“运行”按钮，结果显示在 **[Out [1]:]** 中。

【输入代码】清单 2.1

```
import pandas as pd
data = [[60,65,66],
        [80,85,88],
        [100,100,100]]
df = pd.DataFrame(data)
df
```

输出结果

	0	1	2
0	60	65	66
1	80	85	88
2	100	100	100

第 1 章介绍过，在 Jupyter Notebook 中执行代码单元格时，结果会显示在下方！

结果表明，每一列的上方自动用数字为列命名（0，1，2），每一行的左侧也自动生成索引号（0，1，2）。但是这样看不出数据的具体内容，我们需要设定列名和索引名（见清单 2.2）。

格式：设置数据框对象的列名和索引名

```
数据框 .columns = [< 列名列表 >]
数据框 .index = [< 索引名列表 >]
```

【输入代码】清单 2.2

```
df.columns=[" 语文 "," 数学 "," 英语 "]
df.index=["A 洋 ","B 刚 ","C 婷 "]
df
```

输出结果

	语文	数学	英语
A洋	60	65	66
B刚	80	85	88
C婷	100	100	100

创建数据框对象时，也可以在指定行数据的同时指定列名和索引名（见清单2.3）。

【输入代码】清单2.3

```
import pandas as pd
data = [[60,65,66],
        [80,85,88],
        [100,100,100]]
col = ["语文","数学","英语"]
idx = ["A洋","B刚","C婷"]
df = pd.DataFrame(data, columns=col, index=idx)
df
```

输出结果

	语文	数学	英语
A洋	60	65	66
B刚	80	85	88
C婷	100	100	100

三个科目的考试成绩也可能以列数据的形式组织，如“语文：60分，80分，100分”“数学：65分，85分，100分”“英语：66分，88分，100分”。此时可以通过列数据创建数据框对象（见清单2.4）。

格式：通过列数据创建数据框对象

```
data = {"<列名>":[<列数据>], "<列名>":[<列数据>], "列名":[<列数据>]}
idx = [<索引名列表>]
<数据框> = pd.DataFrame(data, index=idx)
```

【输入代码】清单 2.4

```
import pandas as pd
data = {"语文" : [60,80,100],
        "数学" : [65,85,100],
        "英语" : [66,88,100]}
idx = ["A洋","B刚","C婷"]
df = pd.DataFrame(data, index=idx)
df
```

输出结果

	语文	数学	英语
A洋	60	65	66
B刚	80	85	88
C婷	100	100	100

准备外部数据文件

将数据写入程序内可以马上看到结果，十分方便，但是数据量太大时就很麻烦了。下面，我们介绍读取外部数据文件（以 CSV 格式文件为例）来创建数据框对象的方法。

在 Jupyter Notebook 中，需要把要读取的数据文件放在 Notebook 文件所在的文件夹中。如果不知道在哪里，可以回到 Jupyter Notebook 的文件夹界面查找。❶ 点击“Upload”按钮，打开一个文件对话框。❷ 在对话框中选择要上传的数据文件。

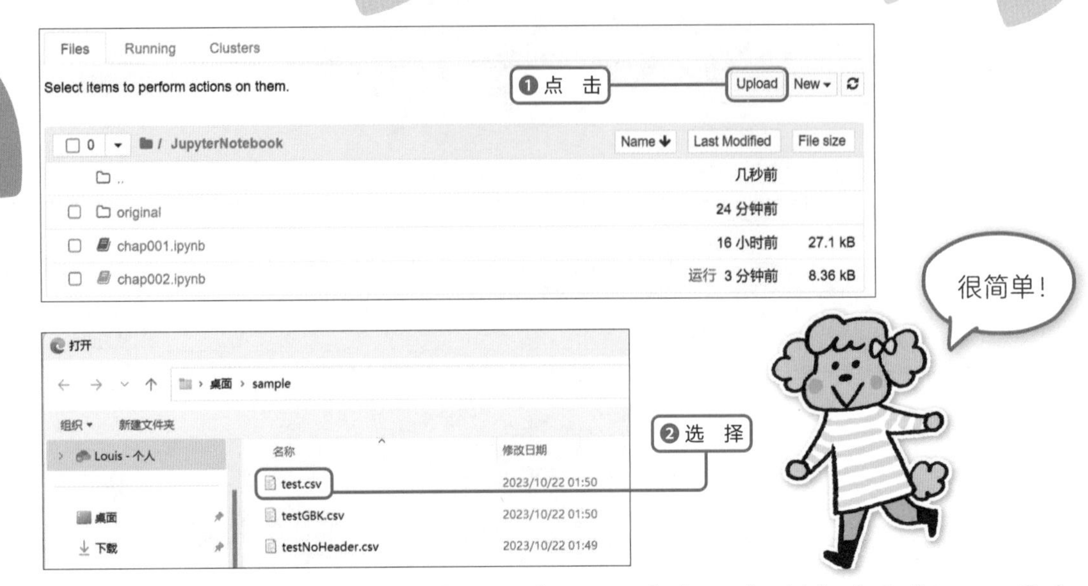

选择文件后，会显示“上传”（或“Upload”）和“取消”（或“Cancel”）按钮。❶点击“上传”按钮。❷文件列表中显示文件已复制到文件夹中。

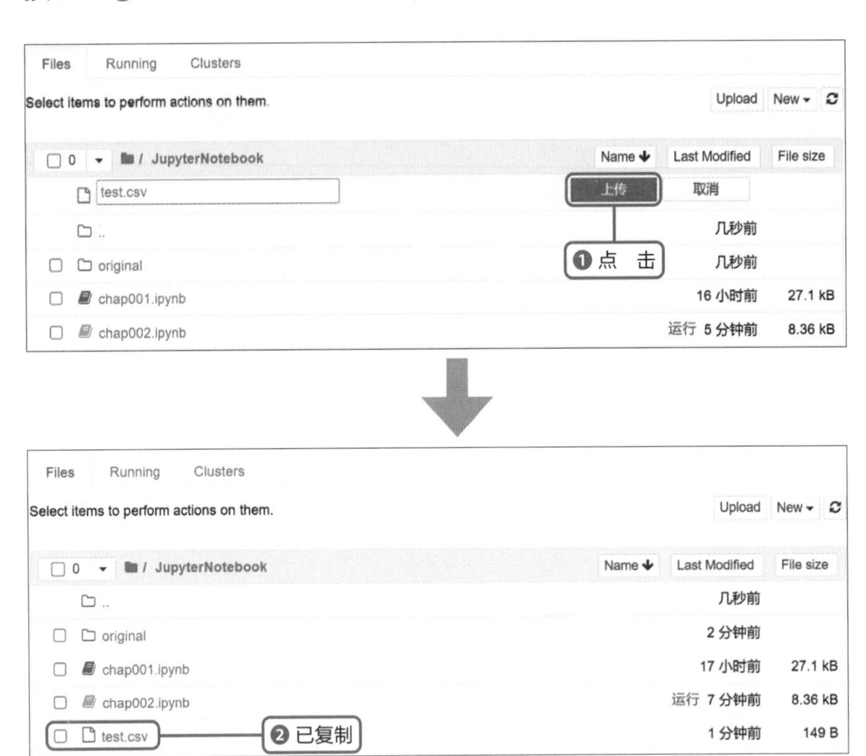

读取数据文件

我们准备了一个名为 test.csv 的数据文件（UTF-8 编码），其中，第 1 行为表头。读者可以从本书源代码文件中获取数据文件，也可以自行输入以下内容并保存。

CSV 是“comma separated values”的缩写，意思为“逗号分隔的值”。顾名思义，文件中的表头和每一条数据都用逗号区分每个元素。

【样本文件】（test.csv）

```
姓名，语文，数学，英语，学号
A洋,83,89,76,A001
B刚,66,93,75,B001
C婷,100,84,96,B002
D浩,60,73,40,A002
E美,92,62,84,C001
F静,96,92,94,C002
```

在 Jupyter Notebook 界面点击刚刚上传的数据文件 test.csv，可以直接查看这个文件的内容。

File Edit View Language

表头 → 1 姓名, 语文, 数学, 英语, 学号
行（一条数据）→ 2 A洋, 83, 89, 76, A001
3 B刚, 66, 93, 75, B001
4 C婷, 100, 84, 96, B002
5 D浩, 60, 73, 40, A002
6 E美, 92, 62, 84, C001
7 F静, 96, 92, 94, C002

CSV 文件

CSV 格式的数据文件也是文本文件，所以读者需要稍微了解一些文本文件的编码问题，特别是数据中有汉字的时候。

目前常用的编码为 UTF-8 编码，这也是 pandas 库读取 CSV 格式的数据文件时默认采用的编码。如果确认文件是 UTF-8 编码，可以直接读取（见清单 2.5）。

格式：读取 CSV 文件（UTF-8 编码）

```
<数据框> = pd.read_csv("<文件名>.csv")
```

【输入代码】清单 2.5

```
import pandas as pd
df = pd.read_csv("test.csv")
df
```

输出结果

	姓名	语文	数学	英语	学号
0	A洋	83	89	76	A001
1	B刚	66	93	75	B001
2	C婷	100	84	96	B002
3	D浩	60	73	40	A002
4	E美	92	62	84	C001

对于其他编码，如中国大陆的 GB2312/GBK、日本的 Shift-JIS 等，读取数据文件时要事先确定数据文件的编码，并额外指定参数。

格式：读取 CSV 文件（GBK 编码）

```
<数据框> = pd.read_csv("<文件名>.csv", encoding="gbk")
```

我们还可以借助 chardet 库来预测编码。在《Python 二级：桌面应用程序开发》一书中简单介绍过 chardet 库的用法。调用 chardet 库之前，请在 Anaconda Navigator 中确认已经安装该库。接下来在 Jupyter Notebook 中上传数据文件 testGBK.csv，并用清单 2.6 的代码读取文件。

【输入代码】清单 2.6

```
import pandas as pd
import chardet

with open("testGBK.csv", "rb") as f:
  b = f.read()
  enc = chardet.detect(b)["encoding"]

df = pd.read_csv("testGBK.csv", encoding=enc)
df
```

输出结果

	姓名	语文	数学	英语	学号
0	A洋	83	89	76	A001
1	B刚	66	93	75	B001
2	C婷	100	84	96	B002
3	D浩	60	73	40	A002
4	E美	92	62	84	C001
5	F静	96	92	94	C002

这是 GBK 形式的编码，不要弄错读取方法。

有时我们想把数据的第 1 列（计算机中的第 0 列）作为索引使用。指定 **index_col=0** 就可以做到这一点（见清单 2.7）。

格式：读取 CSV 文件（第 0 列作为索引）

```
<数据框> = pd.read_csv("<文件名>.csv", index_col=0)
```

【输入代码】清单 2.7

```
import pandas as pd
df = pd.read_csv("test.csv", index_col=0)
df
```

原来我们的第 1 列在计算机里是第 0 列啊。

输出结果

	语文	数学	英语	学号
姓名				
A洋	83	89	76	A001
B刚	66	93	75	B001
C婷	100	84	96	B002
D浩	60	73	40	A002
E美	92	62	84	C001
F静	96	92	94	C002

你的名字被编入索引了。

有的数据文件没有表头。在确认文件没有表头后，指定“**header=None**”并读取文件。接着在 Jupyter Notebook 中上传文件 testNoHeader.csv，并用清单 2.8 的代码读取文件。

格式：读取 CSV 文件（没有表头）

```
<数据框> = pd.read_csv("<文件名>.csv", header=None)
```

【输入代码】清单 2.8

```
import pandas as pd
df = pd.read_csv("testNoHeader.csv", index_col=0, header=None)
df
```

输出结果

	1	2	3	4
0				
A洋	83	89	76	A001
B刚	66	93	75	B001
C婷	100	84	96	B002
D浩	60	73	40	A002
E美	92	62	84	C001
F静	96	92	94	C002

这是一份
没有表头的
CSV 数据！

读取 CSV 文件的关键点总结

我们刚才介绍了读取 CSV 文件的三个关键点，要分别根据文件的状态进行相应的处理。

- 如果数据文件是其他编码，如 GBK 编码，那么要追加 **encoding="gbk"** 选项。
- 如果想将第 0 列作为索引，那么要追加 **index_col=0** 选项。
- 如果没有表头，那么要追加“**header=None**”选项。

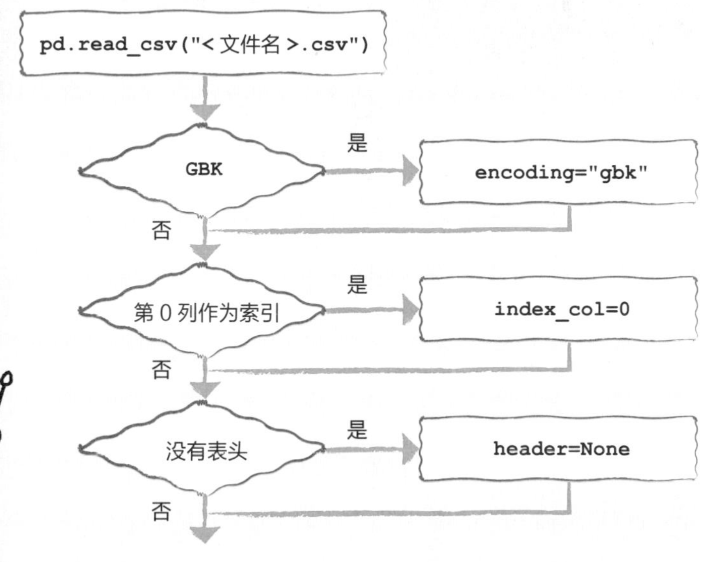

第6课

粗略观察数据

本节课我们来学习从各种角度“观察”数据的方法。

读取数据之后，先粗略观察一下。

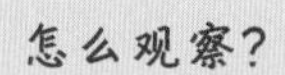

分析数据之前，肯定要先确认数据是否读取正确。

就像做饭之前要先确认材料是否齐全。

观察数据

首先确认前5行数据（见清单2.9）。test.csv 文件数据量比较小，输出出现错误的概率也小。但当数据量达到成千上万条时，这个功能就很有用了。

【输入代码】清单 2.9

```
import pandas as pd
df = pd.read_csv("test.csv", index_col=0)
df.head()
```

输出结果

	语文	数学	英语	学号
姓名				
A洋	83	89	76	A001
B刚	66	93	75	B001
C婷	100	84	96	B002
D浩	60	73	40	A002
E美	92	62	84	C001

接着确认列名是否读取正确（见清单 2.10）。

【输入代码】清单 2.10

```
df.columns
```

输出结果

```
Index(['语文', '数学', '英语', '学号'], dtype='object')
```

※ 列名使用单引号，说明它们属于字符串。

接下来确认索引名（见清单 2.11）。

【输入代码】清单 2.11

```
df.index
```

输出结果

```
Index(['A洋', 'B刚', 'C婷', 'D浩', 'E美', 'F静'], dtype='object',
    name='姓名')
```

我们看到，列名和索引名都显示了“Index”。这是 pandas 库中除数据框对象之外的一种对象类型，作用是方便 pandas 库内部处理。提取这些数据并转换为一般的 Python 列表数据，方便我们观察（见清单 2.12）。

【输入代码】清单 2.12

```
# 将列名变换为列表
list1 = [i for i in df.columns]
print(list1)

# 将索引名变换为列表
list2 = [i for i in df.index]
print(list2)
```

输出结果

```
['语文', '数学', '英语', '学号']
['A洋', 'B刚', 'C婷', 'D浩', 'E美', 'F静']
```

下面我们来确认各列的数据类型，以判断数据是否被准确识别为对应的类型（见清单 2.13）。

【输入代码】清单 2.13

```
df.dtypes
```

输出结果

```
语文      int64
数学      int64
英语      int64
学号      object
dtype: object
```

显示了数据的类型，
很多人都很熟悉吧？

pandas 库为数据定义了各种类型，如整数定义为 int64，浮点数定义为 float64，字符串等其他对象定义为 object 等。从结果来看，语文、数学、英语成绩被正确识别为整数，学号识别为字符串。

一共有几条数据呢？我们来统计数据的条数（即行数）（见清单 2.14）。

【输入代码】清单 2.14 

```
len(df)
```

输出结果

```
6
```

可见一共有 6 条数据。

提取列数据

下面介绍从数据框中提取指定数据的方法。

首先是提取某一列数据的方法，尝试提取语文成绩的数据（见清单 2.15）。

格式：提取某一列数据 

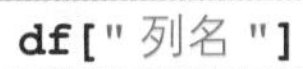

```
df["列名"]
```

【输入代码】清单 2.15 

```
df["语文"]
```

输出结果

```
姓名
A洋      83
B刚      66
C婷     100
D浩      60
E美      92
F静      96
Name: 语文, dtype: int64
```

也可以提取若干列数据，尝试提取语文成绩和数学成绩的数据（见清单2.16）。注意，要使用两层中括号。

格式：提取若干列数据

```
df[["<列名>","<列名>"]]
```

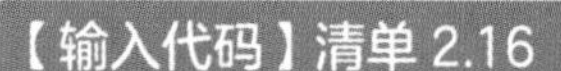

【输入代码】清单2.16

```
df[["语文","数学"]]
```

输出结果

	语文	数学
姓名		
A洋	83	89
B刚	66	93
C婷	100	84
D浩	60	73
E美	92	62
F静	96	92

列数据

	姓名	语文	数学	英语	学号
0	A洋	83	89	76	A001
1	B刚	66	93	75	B001
2	C婷	100	84	96	B002
3	D浩	60	73	40	A002
4	E美	92	62	84	C001
5	F静	96	92	94	C002

提取行数据

下面介绍提取某一行数据的方法，尝试提取第0行的数据（见清单2.17）。

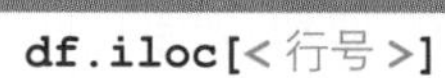

格式：提取某一行数据

```
df.iloc[<行号>]
```

【输入代码】清单 2.17

```
df.iloc[0]
```

输出结果

```
语文        83
数学        89
英语        76
学号      A001
Name: A洋 , dtype: object
```

现在我们看到第 0 行的数据了。

结果显示了名为“A 洋”的成绩数据。

同样，也能提取若干行数据，尝试提取第 0 行和第 3 行数据（见清单 2.18）。

格式：提取若干行数据

```
df.iloc[[<行号>, <行号>]]
```

【输入代码】清单 2.18

```
df.iloc[[0,3]]
```

输出结果

	语文	数学	英语	学号
姓名				
A洋	83	89	76	A001
D浩	60	73	40	A002

提取元素数据

下面介绍提取单个元素数据的方法，需指定行号和列名（见清单 2.19）。

格式：提取单个元素数据

```
df.iloc[<行号>]["<列名>"]
```

【输入代码】清单 2.19

```
df.iloc[0]["语文"]
```

输出结果

```
83
```

	姓名	语文	数学	英语	学号
0	A洋	83	89	76	A001
1	B刚	66	93	75	B001
2	C婷	100	84	96	B002
3	D浩	60	73	40	A002
4	E美	92	62	84	C001
5	F静	96	92	94	C002

元素数据

某一行、某一列、
某个元素数据
都可以自由提取！

第 7 课

使用数据

本节课我们来了解数据的添加、删除等操作。

确认数据正确后，就要确认“使用数据的哪个部分”了。

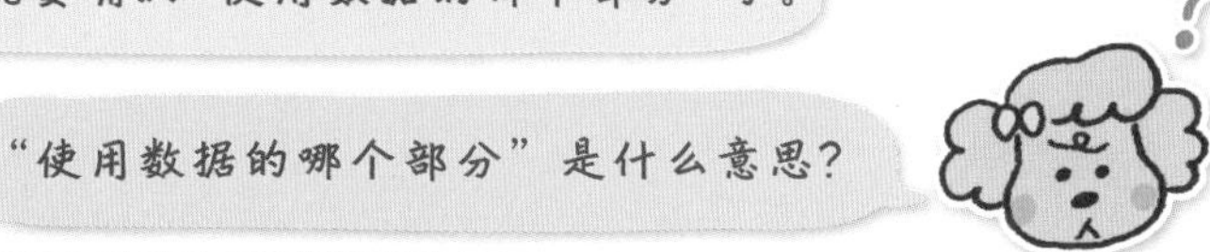

数据只是客观数值的集合，而我们进行数据分析的目的是解决问题，所以要从客观的数值集合中找出与解决问题相关的数据。

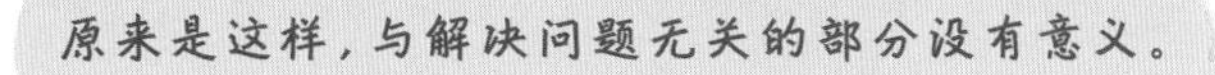

原来是这样，与解决问题无关的部分没有意义。

我们可以提取有用的数据，删除没用的数据。这样就不会因为不小心看到无关数据而犯错了。

添加列数据和行数据

我们可以提取指定的列数据，并将其添加到其他数据框对象中。

创建有数据的数据框（**dfA**）和空的数据框（**dfB**）。从 **dfA** 中提取代表语文成绩的列数据，添加到 **dfB** 中。这样就创建了只有语文成绩的数据框对象（见清单 2.20）。

格式：创建空的数据框

```
<数据框> = pd.DataFrame()
```

格式：添加列数据

```
<数据框>["<新列名>"] = <列数据>
```

【输入代码】清单 2.20

```
import pandas as pd
dfA = pd.read_csv("test.csv", index_col=0)

dfB = pd.DataFrame()
dfB["语文"] = dfA["语文"]
dfB
```

输出结果

	语文
姓名	
A洋	83
B刚	66
C婷	100
D浩	60
E美	92
F静	96

我们还可以提取指定的行数据，并将其添加到其他数据框对象中。

创建有数据的数据框（**dfA**）和空的数据框（**dfB**）。从 **dfA** 中提取第 0 行的行数据，添加到 **dfB** 中。这样就创建了只有第 0 行的数据框对象（见清单 2.21）。

注意：pandas 库原来提供添加行的 **append** 函数，这个函数在新版 pandas 库中被删除了。此时要通过提取多行数据的方法，用提取的行数据生成一个数据框对象。

格式：添加行数据

```
<数据框> = pd.concat([<数据框>, <数据框>.iloc[[<行号>]]])
```

【输入代码】清单 2.21

```
dfA = pd.read_csv("test.csv", index_col=0)
dfB = pd.DataFrame()
dfB = pd. concat ([dfB, dfA.iloc[[0]]])
dfB
```


输出结果

	语文	数学	英语	学号
姓名				
A洋	83	89	76	A001

这次是只有
A 洋同学成绩的
数据框。

删除列数据和行数据

对于不需要的列数据，可以通过指定列名来删除。下面尝试删除语文成绩的列数据（见清单 2.22）。

格式：删除列数据

```
<数据框>.drop("<列名>", axis=1)
```

【输入代码】清单 2.22

```
dfA = pd.read_csv("test.csv", index_col=0)
dfB = dfA.drop("语文", axis=1)
dfB
```

输出结果

	数学	英语	学号
姓名			
A洋	89	76	A001
B刚	93	75	B001
C婷	84	96	B002
D浩	73	40	A002
E美	62	84	C001
F静	92	94	C002

对于不需要的行数据，也可以通过指定行索引来删除。下面尝试删除第 3 行的行数据（见清单 2.23）。注意，索引号 3 实际上指向数据的第 4 行。

格式：删除列数据

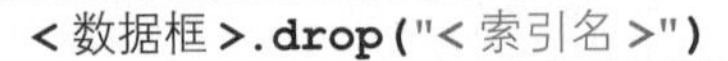

```
<数据框>.drop("<索引名>")
```

【输入代码】清单 2.23

```python
dfA = pd.read_csv("test.csv", index_col=0)
dfB = dfA.drop(dfA.index[3])
dfB
```

输出结果

	语文	数学	英语	学号
姓名				
A洋	83	89	76	A001
B刚	66	93	75	B001
C婷	100	84	96	B002
E美	92	62	84	C001
F静	96	92	94	C002

根据条件提取数据

我们还可以从列数据中提取符合条件的数据。

使用等号和不等号（==，>，<）可以查看某列数据是否符合某个条件，与 **if** 语句的用法相似。符合条件的数据表示为 **True**，不符合条件的数据表示为 **False**。

比如，查看“语文成绩是否大于 80 分”（见清单 2.24）。

格式：查看列数据是否符合条件

```
<数据框>["<列名>"] == <值>
<数据框>["<列名>"] > <值>
<数据框>["<列名>"] < <值>
```

【输入代码】清单 2.24

```
import pandas as pd
dfA = pd.read_csv("test.csv", index_col=0)
dfA["语文"] > 80
```

输出结果

```
姓名
A洋     True
B刚     False
C婷     True
D浩     False
E美     True
F静     True
Name: 语文, dtype: bool
```

指定条件后，
符合条件的数据
就用 True 表示。

可见，只有语文成绩高于 80 分时数据才是 **True**，这就构成了由 **True** 和 **False** 组成的表示“是否符合条件”的排列。借助这种排列，使用命令“<数据框> = <数据框>[<是否符合条件的 True 和 False 的排列>]”，就可以仅提取符合条件（结果为 **True**）的行数据。

提取“语文成绩大于 80 分”的数据（见清单 2.25）。

格式：根据条件提取数据

<数据框> = <数据框>[<条件>]

【输入代码】清单 2.25

```
dfB = dfA[dfA["语文"] > 80]
dfB
```

输出结果

姓名	语文	数学	英语	学号
A洋	83	89	76	A001
C婷	100	84	96	B002
E美	92	62	84	C001
F静	96	92	94	C002

还可以用多个条件查找。要求“满足条件 A 和条件 B”时，指定“**(<条件 A>) & (<条件 B>)**”；要求“满足条件 A 或条件 B 其中之一”时，指定“**(<条件 A>) | (<条件 B>)**”。注意，每个条件要单独写在括号里。

提取“语文成绩大于 80 分和数学成绩大于 80 分”的数据（见清单 2.26）。

【输入代码】清单 2.26

```
dfB = dfA[(dfA["语文"] > 80) & (dfA["数学"] > 80)]
dfB
```

输出结果

姓名	语文	数学	英语	学号
A洋	83	89	76	A001
C婷	100	84	96	B002
F静	96	92	94	C002

检查数据错误

本节课介绍如何检查数据中的缺失值并修复。

处理实际的数据时，要注意一个问题，那就是数据中可能有错误。

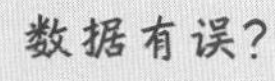

人工输入数据时可能有遗漏或者错误，机器检测时也有可能由于传感器故障或通信问题漏掉某些数值。因此要注意实际数据中可能有错误的地方。

谁都会犯错呀。

pandas 库能判断数据是否有遗漏。缺少数据的状态显示为“NaN”。

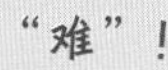

它的含义是“不是一个数值”（not a number）。我们来看看如何处理数据缺失。

缺失值的处理

我们创建一个有缺失值的数据框，确认数据的缺失值。创建数据框时，缺失值用“None”指定（见清单2.27）。

【输入程序】清单2.27

```
import pandas as pd
data = {"语文" : [90,50,None,40],
        "数学" : [80,None,None,50]}
idx = ["A洋","B刚","C婷","D浩"]
dfA = pd.DataFrame(data, index=idx)
dfA
```

输出结果

	语文	数学
A洋	90.0	80.0
B刚	50.0	NaN
C婷	NaN	NaN
D浩	40.0	50.0

pandas库在有缺失值的位置返回结果“NaN”。

数据量较小时确认缺失值很简单。但是数据量较大时就不能这样确认了，首先要统计缺失值的个数——0代表没有缺失值（见清单2.28）。

格式：统计缺失值的个数

```
<数据框>.isnull().sum()
```

【输入代码】清单 2.28

```
dfA.isnull().sum()
```

输出结果

```
语文    1
数学    2
dtype: int64
```

输出结果说明语文成绩和数学成绩分别有 1 个和 2 个缺失值。

存在缺失值时，要删除有缺失值的行数据（见清单 2.29）。

格式：删除有缺失值的行数据

```
<数据框> = <数据框>.dropna()
```

【输入代码】清单 2.29

```
dfB = dfA.dropna()
dfB
```

输出结果

	语文	数学
A洋	90.0	80.0
D浩	40.0	50.0

咦？ B 刚同学参加
语文考试了，
这里却没有数据。

结果显示，有缺失值的行数据都被删除了。但受其影响，语文成绩数据中有的行没有缺失值也被删除了。我们尝试仅删除语文成绩数据中有缺失值的行数据（见清单 2.30）。

格式：删除指定列中有缺失值的行数据

```
<数据框> = <数据框>.dropna(subset=["<列名>"])
```

【输入代码】清单 2.30

```
dfB = dfA.dropna(subset=["语文"])
dfB
```

输出结果

	语文	数学
A洋	90.0	80.0
B刚	50.0	NaN
D浩	40.0	50.0

结果显示，只有语文成绩中有缺失值的行数据被删除。由此可见，我们也可以指定有缺失值的行并删除。

数据只有少量的缺失值时，删除数据影响不大；据有大量缺失值时，删除数据则会导致数据量发生极大变化。有时我们不采取删除数据的方法，而是采取用其他值填充的方法来处理数据缺失。用于填充的值不能任意选取，可以选取平均值（见清单 2.31）。

格式：用平均值填充缺失值

```
<数据框> = <数据框>.fillna(<数据框>.mean())
```

【输入代码】清单 2.31

```
dfB = dfA.fillna(dfA.mean())
dfB
```

输出结果

	语文	数学
A洋	90.0	80.0
B刚	50.0	65.0
C婷	60.0	65.0
D浩	40.0	50.0

语文成绩和数学成绩的缺失值分别用 60 分和 65 分填充了。

结果显示，语文成绩和数学成绩的缺失值分别用 60 分和 65 分填充了。这份数据是考试成绩，所以这么做没什么问题。但如果是气温等连续变化的值，直接取平均值可能会破坏本来的变化规律。假如语文成绩数据本来是从高到低排列的，用平均值填充则会变成 90 → 50 → 60 → 40，破坏了本来的变化规律。为了保持连续变化，可以采取用缺失值的前一个值填充的方法（见清单 2.32）。

格式：用缺失值的前一个值填充

```
<数据框> = <数据框>.ffill()
```

※ 较早版本的 pandas 库提供的格式是“<数据框> = <数据框>.fillna(method="ffill")”，但现在可能会提示错误。

【输入代码】清单 2.32

```
dfB = dfA.ffill()
dfB
```

输出结果

	语文	数学
A洋	90.0	80.0
B刚	50.0	80.0
C婷	50.0	80.0
D浩	40.0	50.0

为了不让像温度一样连续变化的值变得上下波动，还是取缺失值的前一个值来填充比较好。

这样一来，语文成绩数据就变成 90 → 50 → 50 → 40，变化就有连续性了。

删除重复数据

有一种错误是“重复输入相同数据”。复制失误可能会导致数据重复，因此我们要确认是否存在重复数据。这里的“重复数据”指的是整条（整行）数据的所有值都重复。

首先创建含有重复数据的数据框（见清单2.33），第1、2和4行数据重复。

【输入程序】清单2.33

```
import pandas as pd
data = [[10,30,40],
        [20,30,40],
        [20,30,40],
        [30,30,50],
        [20,30,40]]
dfA = pd.DataFrame(data)
dfA
```

输出结果

	0	1	2
0	10	30	40
1	20	30	40
2	20	30	40
3	30	30	50
4	20	30	40

首先查看数据框中是否含有重复数据。计算重复数据的个数（见清单2.34），如果为0，说明没有重复数据。

格式：计算重复数据的个数

```
<数据框>.duplicated().value_counts()
```

【输入代码】清单 2.34

```
dfA.duplicated().value_counts()
```

输出结果

```
False    3
True     2
Name: count, dtype: int64
```

True 的总数是 2，表示有 2 条重复数据。

对于重复数据，我们保留第 1 条，删除第 2 条及以后的重复数据(见清单 2.35)。

格式：删除第 2 条及以后的重复数据

```
<数据框>.drop_duplicates()
```

【输入代码】清单 2.35

```
dfA.drop_duplicates()
dfA
```

输出结果

	0	1	2
0	10	30	40
1	20	30	40
3	30	30	50

结果显示，重复的第 2 行和第 4 行被删除了。

不能任意删除重复数据

前面的内容里，我们只是机械地删除了重复数据。但是某些数据中的确存在相同数据的可能。需要仔细辨别重复数据的种类，找到发生数据重复的原因。

将字符串类型的数据转换为数值

不同来源的数据文件具有不同的格式，有时需要数值数据，但获得的是字符串数据。想要用这种数据进行计算，需要先将数据类型转换为数值。

我们首先创建用字符串类型表示数值的数据框（见清单 2.36）。

【输入程序】清单 2.36

```
import pandas as pd
data = {"A" : ["100","300"],
        "B" : ["500","1,500"]}
dfA = pd.DataFrame(data)
dfA
```

输出结果

	A	B
0	100	500
1	300	1,500

确认各列的数据类型（见清单 2.37）。

【输入代码】清单 2.37

```
dfA.dtypes
```

输出结果

```
A     object
B     object
dtype: object
```

结果显示，所有数据都是字符串类型。接下来，将数据类型转换为整数。先将“A”列数据类型转换为整数（见清单 2.38）。

格式：将字符串类型的列数据转换为整数

```
<数据框>["<列名>"] = <数据框>["<列名>"].astype(int)
```

【输入代码】清单 2.38

```
dfA["A"] = dfA["A"].astype(int)
dfA.dtypes
```

输出结果

```
A     int32 （或 int64）
B     object
dtype: object
```

“A”列数据类型已转换为整数。接下来，对“B”列进行转换。“B”列包含“1,500”这样带有逗号的数值，无法直接转换为整数。我们需要先将逗号去掉（替换为空字符串），再转换为整数（见清单 2.39）。

格式：去除字符串类型的列数据中的逗号

```
<数据框>["<列名>"] = <数据框>["<列名>"].str.replace(",","")
```

【输入代码】清单 2.39

```
dfA["B"] = dfA["B"].str.replace(",","").astype(int)
dfA.dtypes
```

输出结果

```
A     int32 （或 int64）
B     int32 （或 int64）
dtype: object
```

现在“A”“B”两列数据类型都变为整数了，我们检查一下逗号是否还在。指定数据框对象名称查看结果（见清单 2.40）。

【输入代码】清单 2.40

```
dfA
```

输出结果

	A	B
0	100	500
1	300	1500

结果确认已转换为不含逗号的整数。

用一个数值表示数据集合：代表值

“星蟹”可以产生
不同形状的“星粒”，
形状不同质量也不同。

你记录了这些数据，
就能计算出每种
“星粒”的平均质量了。
对，可是
那有什么意义呢？

嗯，“星蟹”能产生圆形“星粒”、
方形“星粒”和三角形“星粒”，
对吧？
比较它们的代表值，也许就能
看出三种“星粒”的区别。
代表值

代表值？

对！我们可以根据
大量“星粒”的质量数据
找出有代表性的值。
哦！也许能查出
“星粒”的秘密。

对，
分析数据一定
能查出秘密！
好有趣！

引言

平均值

利用平均值
进行比较。

用于比较

	A班	B班
0	82	100
1	89	62
2	93	82
3	85	70
4	76	86
	85.0	80.0

df["A 班 "].mean()　　df["B 班 "].mean()

中位数、众数

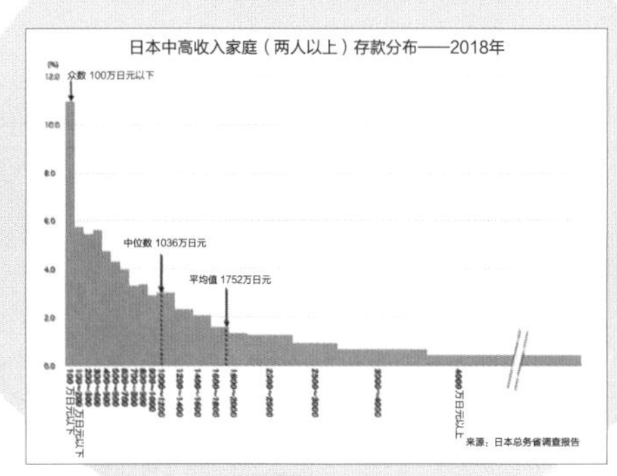

频数分布表

bins= 1 3 5 7 9 11

根据 bins 创建区间　1 … 3　3 … 5　5 … 7　7 … 9　9 … 11

right=False	1~3（不含 3）	3~5（不含 5）	5~7（不含 7）	7~9（不含 9）	9~11(不含 11)
不包含右边缘的结果	1 ~ 2	3 ~ 4	5 ~ 6	7 ~ 8	9 ~ 10

我们还将介绍
频数分布表。

将数据填平：平均值

本节课我们来看什么是平均值，以及它的用法。

我已经学会数据预处理了，可是数字好多，看得眼睛好累。

我们先来查看代表值。

代表值？

就是“用一个数值表示数据集合”，你知道“平均值”吗？

我听说过……不过记不清楚了。

先看看平均值的用法吧。

当我们面对大量数据时，到底能读懂多少？逐一查看数字要花费大量时间，也很难理解整体的含义。

因此，我们要将“数据在整体上表示什么”概括为一个数值，称为“代表值”。而代表值中最常用的就是平均值。

求平均值

平均值可以理解为“把参差不齐的数据填平的值”。

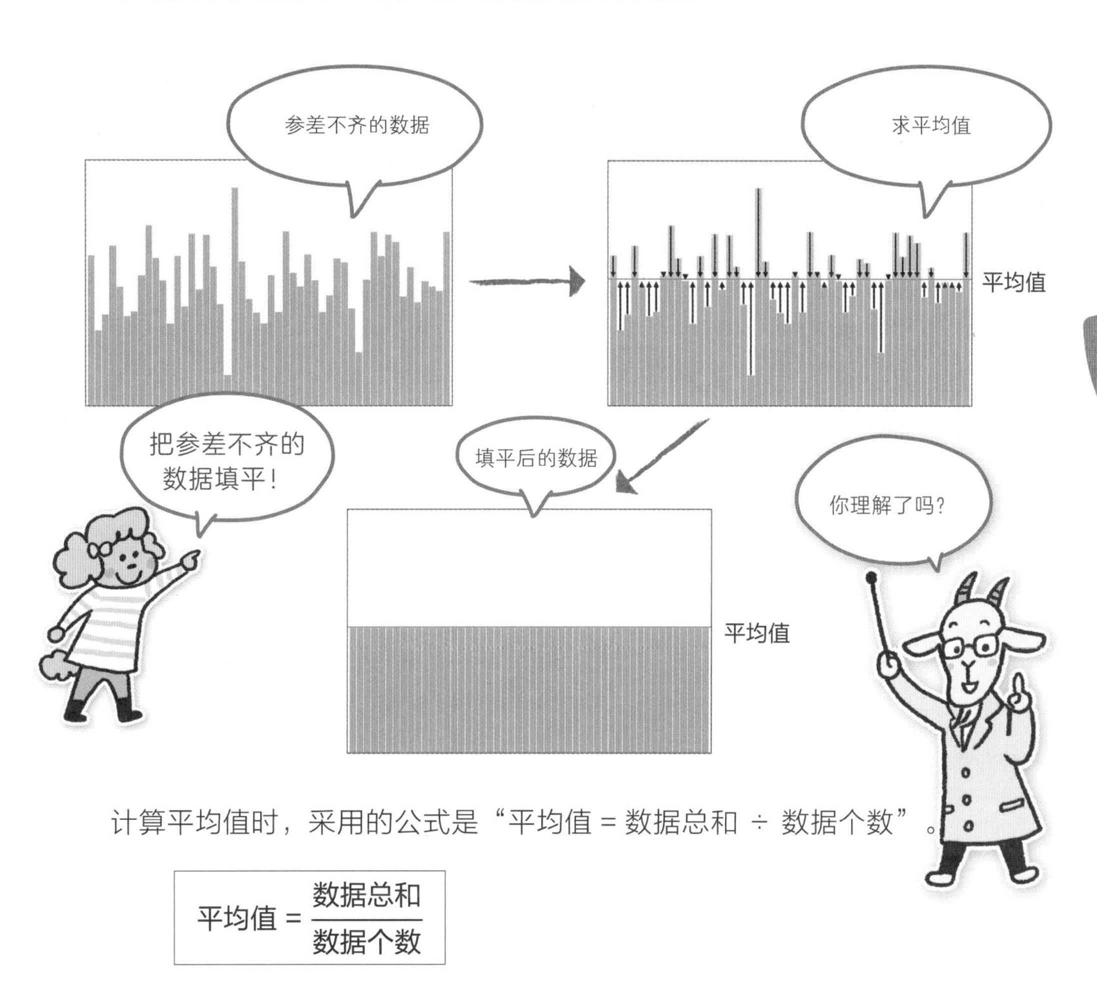

计算平均值时，采用的公式是“平均值 = 数据总和 ÷ 数据个数”。

$$\text{平均值} = \frac{\text{数据总和}}{\text{数据个数}}$$

我们来看一看，在 Python 中如何借助 pandas 库求平均值。

假设我们有两个班级的英语成绩数据，求平均值（见清单 3.1）。

【输入程序】清单 3.1

```
import pandas as pd
data = {"A 班" : [82,89,93,85,76],
        "B 班" : [100,62,82,70,86]}
```

```
df = pd.DataFrame(data)
df
```

输出结果

	A班	B班
0	82	100
1	89	62
2	93	82
3	85	70
4	76	86

如果只有这么几条数据，一眼就看懂了，但数据量过大时就很棘手。因此，我们将各班的数据概括为一个数值，使用“**<数据框>["列名"].mean()**”对列数据求平均值。

数据分析的命令：对列数据求平均值

- 需要的库：**pandas**
- 命令

```
df["列名"].mean()
```

- 输出：列数据的平均值

现在尝试显示 A 班和 B 班数据的平均值（见清单 3.2）。

【输入代码】清单 3.2

```
print("A班 =", df["A班"].mean())
print("B班 =", df["B班"].mean())
```

输出结果

```
A 班 = 85.0

B 班 = 80.0
```

两个班的成绩分别用一个数值表示出来了，一目了然。

从结果可以看出，A 班的成绩平均值是 85 分，B 班的成绩平均值是 80 分。

	A班	B班
0	82	100
1	89	62
2	93	82
3	85	70
4	76	86
	85.0	80.0

df["A 班 "].mean()　　df["B 班 "].mean()

 代表值用于数据的比较

刚才求得的代表值，最直接的用途就是比较数据。

代表值本身往往没有什么说服力，只在与其他值比较时才有意义。

例如，对两个代表值进行比较，可以大致看出两个群体的差异。在上面的例子中就是 A 班与 B 班的成绩差距。

我们再次显示 A 班和 B 班的成绩平均值，这次我们用另一种方法显示（见清单 3.3）。对数据框整体使用 **mean()** 函数，显示数据框中各列的平均值。

数据分析的命令：对各列数据求平均值

- 需要的库：**pandas**
- 命令

```
df.mean()
```

- 输出：各列数据的平均值

【输入代码】清单 3.3

```
print(df.mean())
```

输出结果

```
A 班      85.0
B 班      80.0
dtype: float64
```

比较两列数据的代表值，两个班的差距就显示出来了：A 班的平均分比 B 班高 5 分。也可以通过比较以前的代表值和现在的代表值来分析班级成绩随时间的变化，看看今年是否比去年有所进步。

除了比较两个代表值，我们还可以将其中一条数据和代表值相比，来观察这条数据位于整体的什么位置。

比如，我们比较 A 班成绩的平均值和第 0 个学生的成绩（见清单 3.4）。指定“**df.iloc[<编号>]["列名"]**”可以提取一个元素。

【输入代码】清单 3.4

```
print(df.iloc[0]["A 班"])
print(df["A 班"].mean())
```

输出结果

0 号同学虽然很努力了，
但是成绩还是低于 A 班的
平均值啊……


```
82

85.0
```

比较这两个值，可能会得出“0 号同学虽然很努力，但是成绩仍然低于 A 班的平均值”这样的结论。

综上所述，可以用代表值表示整体数据，十分方便。但是反过来说，代表值也抹去了整体数据中存在的特殊性。比如，B 班有同学获得了 100 分的好成绩，但用代表值表示整体数据后，就无法体现出来了。

代表值用于数据比较

- 比较两个代表值：能够看出两个群体的差距。
- 比较过去和现在的代表值：能够看出数据整体随时间的变化。
- 比较代表值和某条数据：能够看出该数据位于整体的什么位置。

第10课

平均值总能作为代表值吗？

除平均值以外，本节课我们再来看看“中位数”和“众数”。

平均值是最常用的代表值，但在有些数据中平均值起不到作用。

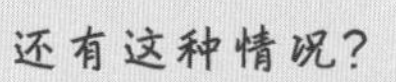

还有这种情况？

我们举一个例子，以下是日本政府提供的“2018年家庭存款情况调查”统计数据。从图中可以看出，家庭存款的平均值是1752万日元。

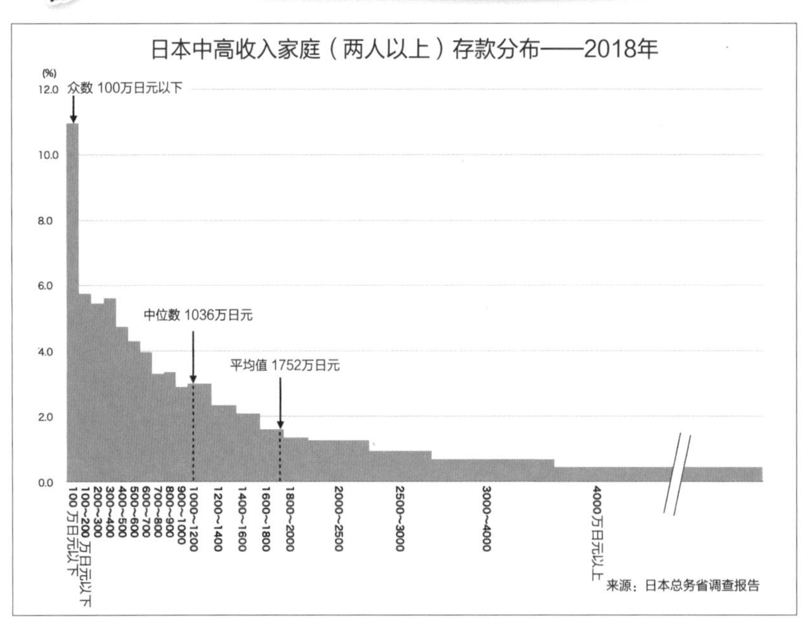

啊？这是平均值？太奇怪了吧？

奥秘就在图表右边省略的部分。图表到“4000万日元以上”就结束了，但实际的数据很长，包括“5000万日元以上”的准富裕阶层、“1亿日元以上”的富裕阶层和“5亿日元以上”的超富裕阶层。

我都没注意，省略的部分还有很多数据啊。

假设最高金额达到5亿日元，完整绘制的图表是这样的。

哇！差距真的好大。

这些超富裕阶层的数据会显著拉升平均值。但很显然，他们不能代表大多数家庭。这些值在统计学中称为“离群值”。

的确不是一个阶层。

平均值作为代表值的一种，具有容易受离群值影响的性质。而代表值中有一些不容易受离群值影响，主要是中位数和众数。

中位数是数据按顺序排列时位于中间的值。之前例子中家庭存款分布的中位数是1036万日元。可以看出平均值比中位数多了约70%，受离群值拉升的影响很大。

众数是数据中出现次数最多（最频繁）的值。上述例子中，图左侧的数据出现频率较高，其中“100万日元以下”就是众数。也就是说，日本存款低于100万日元的家庭最多。

平均值是最常用的代表值，但也有一些情况更适合以中位数或众数作为代表值。

分析平均值是否适合作为代表值

因为有如上所说的情况，对于得到的数据，需要分析平均值能否直接作为代表值使用。

举个例子，假设要在美食节上销售蛋糕，但我们不知道蛋糕应该如何定价。因此，我们请几个人来品尝蛋糕，然后让他们预估蛋糕的价格，这份调查就作为我们的数据（见清单 3.5）。

【输入代码】清单 3.5

```
import pandas as pd
data = {"预估价格" : [24,25,15,24,30,500]}
df = pd.DataFrame(data)
df
```

输出结果

	预估价格
0	24
1	25
2	15
3	24
4	30
5	500

我们先观察平均值（见清单 3.6）。

【输入代码】清单 3.6

```
print(df.mean())
```

输出结果

```
预估价格      103.0

dtype: float64
```

平均值是 103 元，这个定价显然偏高。

数据中包含一个明显偏高的预估价格（500 元），猜测是一位来自富裕家庭的同学预估的。这里就看出离群值对平均值的影响了。

再看看不容易受离群值影响的中位数和众数。

中位数用“<数据框>.**median()**”求出（见清单 3.7）。

数据分析的命令：对各列数据求中位数

- 需要的库：**pandas**
- 命令

```
df.median()
```

- 输出：各列数据的中位数

【输入代码】清单 3.7

```
print(df.median())
```

输出结果

```
预估价格      24.5

dtype: float64
```

众数用“<数据框>.**mode()**”求出（见清单 3.8）。

数据分析的命令：对各列数据求众数

- 需要的库：**pandas**
- 命令

```
df.mode()
```

- 输出：各列数据的众数

【输入代码】清单 3.8

```
print(df.mode())
```

输出结果

```
    预估价格
0   24
```

中位数和众数分别是 24.5 元和 24 元。从结果可以看出，24 ~ 25 元是一个容易被接受的定价。可见，平均值容易受到离群值的干扰，有时需要结合中位数和众数来判断。

那么，没有离群值时会怎样？我们去掉 500 元的数据再看（见清单 3.9）。

【输入代码】清单 3.9

```
import pandas as pd
data = {"预估价格" : [24,25,15,24,30]}
df = pd.DataFrame(data)
print("平均值 =",df.mean())
print("中位数 =",df.median())
print("众数 =",df.mode())
```

输出结果

```
平均值 = 预估价格      23.6
dtype: float64
中位数 = 预估价格      24.0
dtype: float64
众数 =   预估价格
0    24
```

结果显示，平均值、中位数和众数三者比较接近，这时的平均值就适合作为代表值使用。

备忘录

平均值、中位数和众数的差别

平均值

- 考虑所有数据的值。
- 容易受离群值影响。
- 与标准差容易配合使用，因此很常用（标准差在后文会介绍）。

中位数

- 数据按顺序排列时，位于中间的值。
- 不容易受离群值影响。

众　数

- 数据中出现次数最多（最频繁）的值。
- 不容易受离群值影响。
- 样本数较少时不可用。

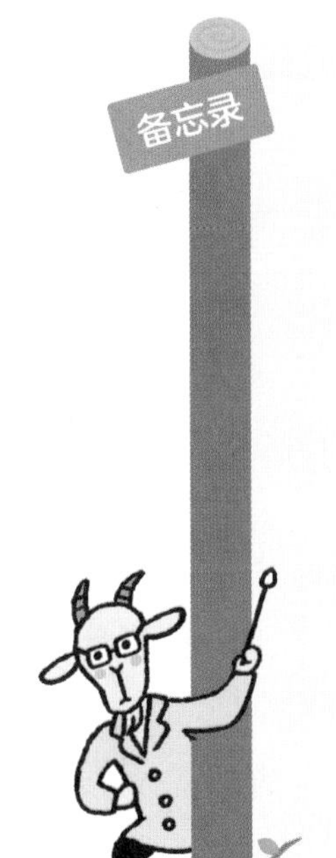

平均值相同的两种数据未必相同

本节课介绍表示数据偏差程度的“频数分布表”。

为了将大量数据概括为一个值，平均值实际上抹去了某些信息。

什么意思呢？

我们讲过，平均值是将参差不齐的数据填平，去除不整齐的信息。

嗯嗯。

这些不整齐的信息就是数据偏差。

哦！那怎么办呢？

我们可以用其他方法查看数据偏差，如制表、绘图、概括为一个数字等。我们从制表开始介绍。

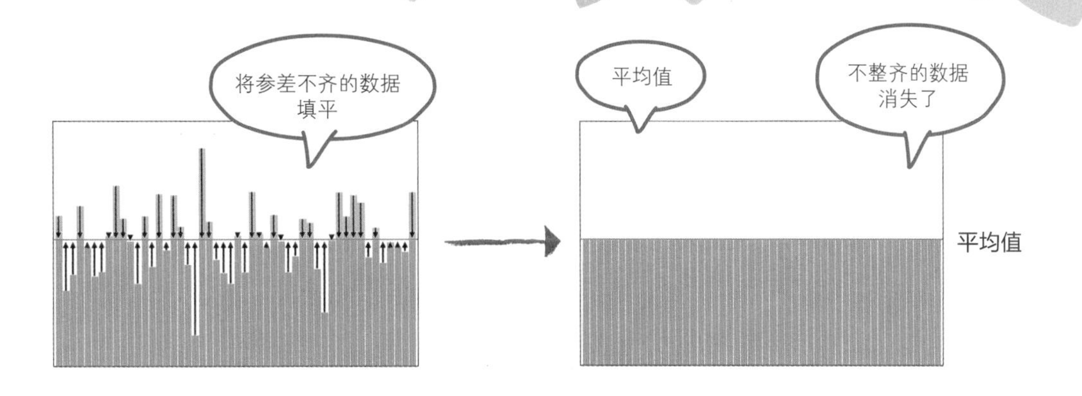

平均值是通过将数据填平，去除偏差信息得到的值。

关注数据偏差时，要用其他方法。用表格查看时，要使用“频数分布表”。

我们并不是逐一查看数据，而是将数据划分为几个范围进行观察，划分的范围称为“区间”。区间内数据的条数称为“频数”。将频数制成“频数分布表”，以便观察数据分布。

观察频数分布表，可以得到关于数据的更多信息，如“数据整体的范围是从多少到多少？”“数据整体呈现均匀分布，还是集中在一个地方分布？”等。

举例来说，假设要在文化节上销售蛋糕。蛋糕有三种制作方案，分别是 A、B 和 C。我们不知道哪种方案更好，所以请几个人试吃蛋糕并做出评价，分 10 级评分，从不好吃（1 分）到好吃（10 分）。收集的调查结果作为我们的数据（见清单 3.10）。

【输入代码】清单 3.10

```
import pandas as pd
data = {"A方案" : [1,10,1,10,1,10,1,10],
        "B方案" : [5,5,5,5,6,6,6,6],
        "C方案" : [1,2,3,4,7,8,9,10]}
df = pd.DataFrame(data)
df
```

输出结果

	A方案	B方案	C方案
0	1	5	1
1	10	5	2
2	1	5	3
3	10	5	4
4	1	6	7
5	10	6	8
6	1	6	9
7	10	6	10

A、B、C 三个方案评分偏差很大。我们通过频数分布表来观察它们的偏差。

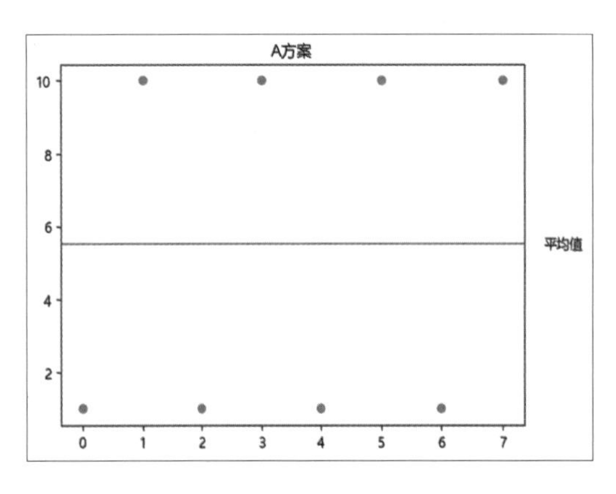

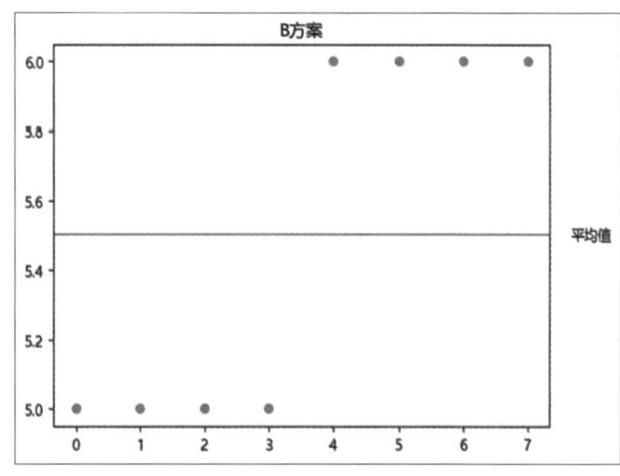

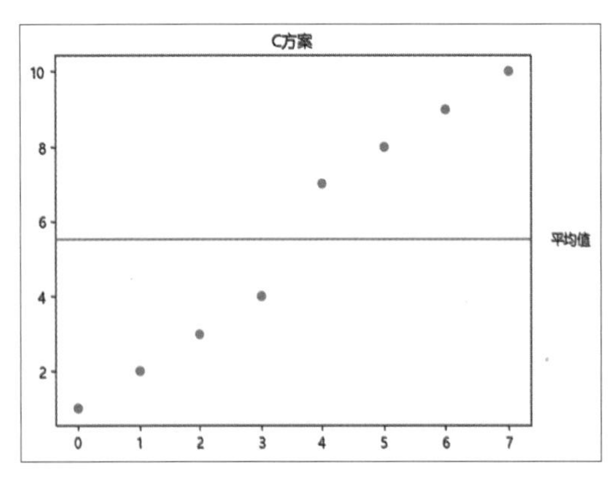

先看平均值（见清单 3.11）。

【输入代码】清单 3.11

```
print(df.mean())
```

输出结果

```
A 方案    5.5
B 方案    5.5
C 方案    5.5
dtype: float64
```


结果表明，三个方案评分的平均值相同，无法区分。接下来看中位数（见清单 3.12）。这里解释一下，当数据个数为偶数时，中位数是中间两个值的平均值。

【输入代码】清单 3.12

```
print(df.median())
```

输出结果

```
A 方案    5.5
B 方案    5.5
C 方案    5.5
dtype: float64
```

中位数居然也是一样的。三组数据有明显不一样的偏差，但是现在通过两个代表值都看不出区别。我们再来看众数（见清单 3.13）。

【输入代码】清单 3.13

```
print(df.mode())
```

输出结果

看看频数
分布表吧！
哦！众数就
看出不同了。


```
   A 方案  B 方案  C 方案
0   1.0    5.0     1
1  10.0    6.0     2
2   NaN    NaN     3
3   NaN    NaN     4
4   NaN    NaN     7
5   NaN    NaN     8
6   NaN    NaN     9
7   NaN    NaN    10
```

从众数中能看出一些区别来，接下来看“频数分布表”。

制作频数分布表时，先用“**pd.cut()**”划分若干区间，查看每条数据属于哪个区间。然后，用“**cut.value_counts()**”统计各区间内的数据数量。

数据分析的命令：为某列数据显示频数分布表

- 需要的库：**pandas**
- 命令

```
cut = pd.cut(df["<列名>"], bins=<分割区间>, right=False)
cut.value_counts(sort=False)
```

- 输出：列数据的频数分布表

我们将每两个等级划分为一个区间：“1 ~ 2”“3 ~ 4”“5 ~ 6”“7 ~ 8”“9 ~ 10”。

为 **bins** 变量赋值 [1,3,5,7,11]，通过该值生成 1 ~ 3、3 ~ 5、5 ~ 7、7 ~ 9 和 9 ~ 11 的区间。区间的边缘重合，所以要决定重合的部分属于哪个区间。指定

right=False 以设定“范围包含左边缘，不包含右边缘”。换句话说，上述区间表示“1 ~ 3（不含 3）”“3 ~ 5（不含 5）”“5 ~ 7（不含 7）”“7 ~ 9（不含 9）”“9 ~ 11（不含 11）”。

这样就生成了“1 ~ 2”“3 ~ 4”“5 ~ 6”“7 ~ 8”“9 ~ 10”五个区间。接下来统计各区间内的数据数量。

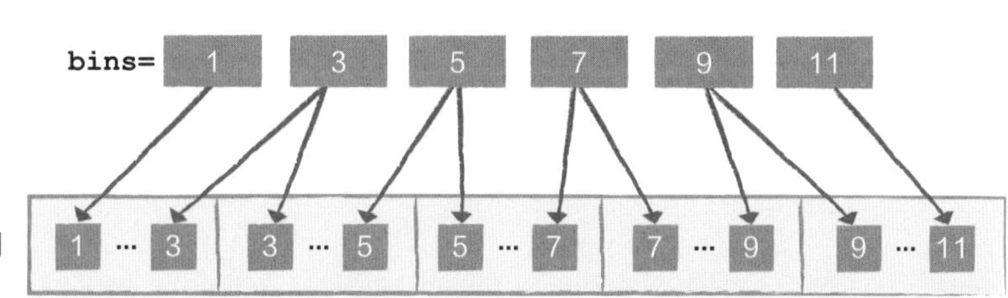

right=False	1~3（不含 3）	3~5（不含 5）	5~7（不含 7）	7~9（不含 9）	9~11（不含 11）
不包含右边缘的结果	1 ~ 2	3 ~ 4	5 ~ 6	7 ~ 8	9 ~ 10

首先显示 A 方案的频数分布表（见清单 3.14）。

【输入代码】清单 3.14

```
bins=[1,3,5,7,9,11]
cut = pd.cut(df["A 方案 "], bins=bins, right=False)
cut.value_counts(sort=False)
```

输出结果

```
[1, 3)     4
[3, 5)     0
[5, 7)     0
[7, 9)     0
[9, 11)    4
Name: count, dtype: int64
```

清单 3.14 的输出结果可用下表表示。

区 间	频 数
1 ~ 2	4
3 ~ 4	0
5 ~ 6	0
7 ~ 8	0
9 ~ 10	4

结果表明，A 方案的评价分为“非常好吃”和“非常不好吃”两个结果，比较极端。接着，显示 B 方案的频数分布表（见清单 3.15）。

【输入代码】清单 3.15

```
cut = pd.cut(df["B 方案 "], bins=bins, right=False)
cut.value_counts(sort=False)
```

输出结果

```
[1, 3)     0
[3, 5)     0
[5, 7)     8
[7, 9)     0
[9, 11)    0
Name: count, dtype: int64
```

清单 3.15 的输出结果可用下表表示。

区 间	频 数
1 ~ 2	0
3 ~ 4	0

续表

区 间	频 数
5 ~ 6	8
7 ~ 8	0
9 ~ 10	0

B 方案的评价
不好也不坏。

结果表明，B 方案的评价集中于中间区间，不是特别好吃，也不是特别难吃。再显示 C 方案的频数分布表（见清单 3.16）。

【输入代码】清单 3.16

```
cut = pd.cut(df["C 方案 "], bins=bins, right=False)
cut.value_counts(sort=False)
```

输出结果

```
[1, 3)     2
[3, 5)     2
[5, 7)     0
[7, 9)     2
[9, 11)    2
Name: count, dtype: int64
```

清单 3.16 的输出结果可用下表表示。

区 间	频 数
1 ~ 2	2
3 ~ 4	2
5 ~ 6	0
7 ~ 8	2
9 ~ 10	2

C 方案的评价
都不一样。

结果表明，C 方案的评价各不相同，大家的分歧很大。

以上三个例子表明，频数分布表能充分体现数据的偏差。

区　间	频　数
1~2	4
3~4	0
5~6	0
7~8	0
9~10	4

区　间	频　数
1~2	0
3~4	0
5~6	8
7~8	0
9~10	0

区　间	频　数
1~2	2
3~4	2
5~6	0
7~8	2
9~10	2

只要根据目的
选择要用的频数分布表
就可以了。

重点在于，对比三个频数分布表，你有什么感受呢？

数据分析的结果是对数据进行机械处理得到的值。但是这些结果的含义，以及怎样看待这些数据和分析结果，取决于人。

我们能从频数分布表中得到很多思路。是“为了不让客人觉得不好吃，选择 B 方案更保险一些”，还是考虑到“既然是一年一度的文化节，不如给客人留下深刻印象”，你也许会选择 A 方案。

总之，“回望初衷”对于做出最终选择十分重要。

通过图表直观地抓住特征

我按照“星粒”的
质量整理了
“星粒”的个数～

我来看看。还有200g的？
小小的身体竟然能产生
这么大一颗“星粒”？好神奇！

对啊，我想知道，
有没有一目了然地
观察这些数字的办法？
？
嗯，想要直观地感受数字，
就要用到图表了。

校报上就有图表！
之前甜点的
好评调查结果
就是图表形式的。

没错，就是那种图表。
其中，直方图特别适合
绘制频数分布表，
用来观察数据的偏差。
哦？真的吗？

嗯……嗯！
我们来看看吧！
怎么变成
名侦探
风格了？
嗯！！

引 言

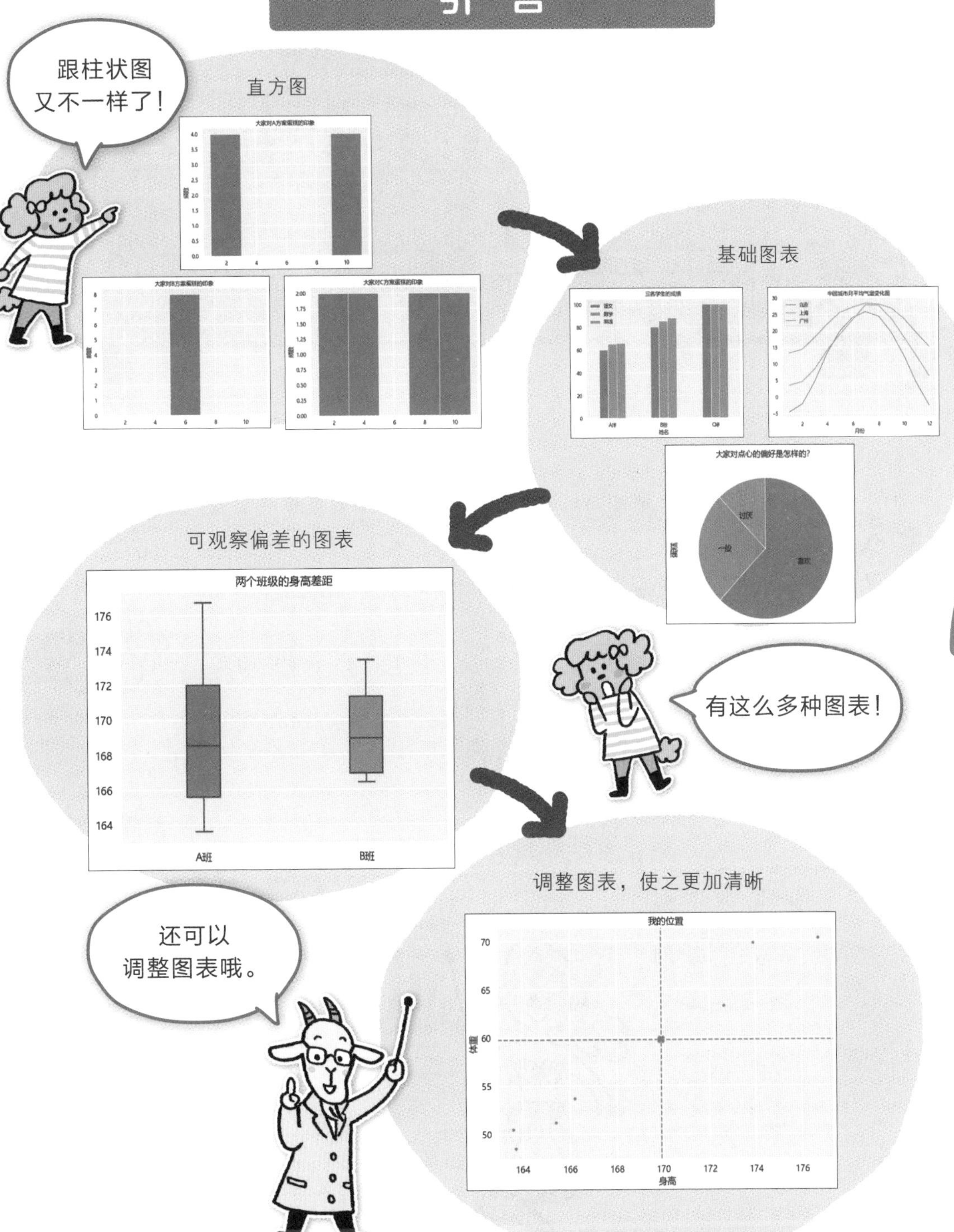

跟柱状图
又不一样了！
直方图
大家对A方案蛋糕的印象
大家对B方案蛋糕的印象
大家对C方案蛋糕的印象
基础图表
三名学生的成绩
中国城市月平均气温变化图
大家对点心的偏好是怎样的?
讨厌
一般
喜欢
可观察偏差的图表
两个班级的身高差距
176
174
172
170
168
166
164
A班
B班
有这么多种图表！
调整图表，使之更加清晰
我的位置
70
65
60
55
50
体重
164
166
168
170
172
174
176
身高
还可以
调整图表哦。

第12课

借助图表观察数据偏差

本节课通过将频数分布表绘制成图表，介绍图表专用库的使用方法和绘制直方图的方法。

我已经会制作频数分布表了，但是光看数字看不懂呢。

这时就要用到图表了。比如，频数分布表适合绘制成直方图。

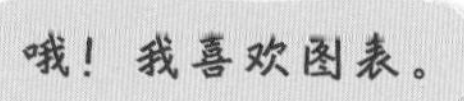

哦！我喜欢图表。

用 matplotlib 能够绘制图表，但我们这次用 seaborn 来试试。seaborn 能绘制出美观的图表，还有一些方便数据分析的功能。

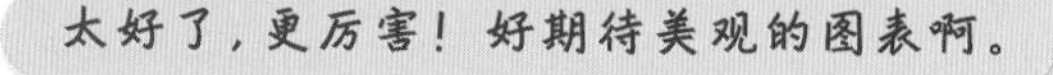

太好了，更厉害！好期待美观的图表啊。

matplotlib 的用法

绘制图表常用的库是 matplotlib。使用 **import matplotlib.pyplot as plt** 语句调用 matplotlib 库的 **pyplot** 模块，并省略为 **plt**。

绘制图表分为三个步骤。

① 决定用什么数据显示什么图表。

② 在必要时指定标题等信息，添加额外的线等。

③ 调用 **plt.show()** 函数显示绘制的图表。

在 Python 中，用 matplotlib 库绘制图表时通常会打开一个新窗口。而在 Jupyter Notebook 中指定 **%matplotlib inline**，可以将图显示在 Notebook 文件中。

首先，输入清单 4.1 中的代码，调用 matplotlib 库绘制图表。

【输入代码】清单 4.1

```
%matplotlib inline
import matplotlib.pyplot as plt

plt.plot([0,100,200],[100,0,200])
plt.show()
```

输出结果

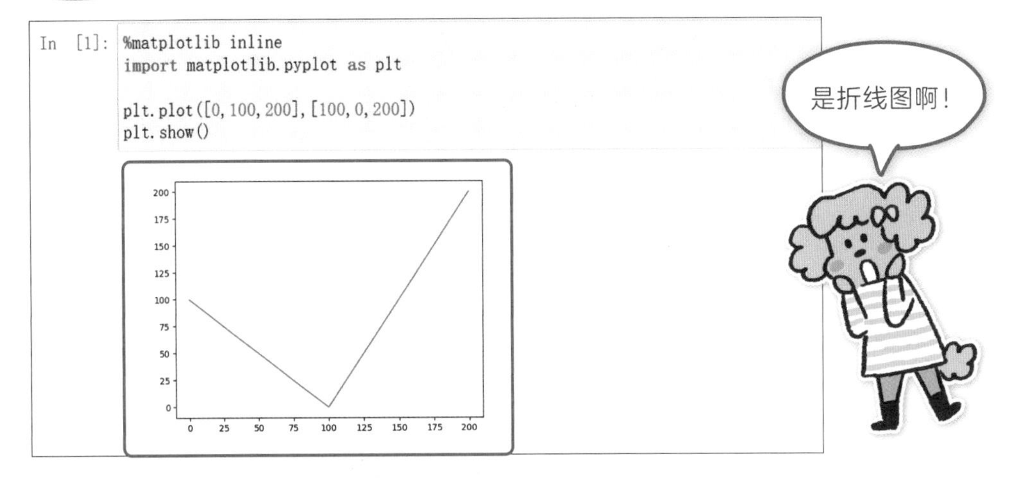

如上图所示，图表将绘制在 Notebook 的单元格下方。

seaborn 的用法

seaborn 是 matplotlib 的一个扩展库，两者要结合起来调用。习惯上使用 **import seaborn as sns** 命令将其简写为 **sns**。seaborn 库有一个方便的功能，只要在一开始调用 **sns.set()** 函数，就能对随后所有图表进行美化。例如，直接为图表指定中文标题，这时要用“**sns.set(font="< 字体名称 >")**”指定中文字体，参数可以是一个字体名称或者字体名称的列表。在 Windows 系统设定为微软雅黑字体的写法是 **sns.set(font=["Microsoft YaHei","sans-serif"])**；在 macOS 系统设定为冬青黑体的写法是 **sns.set(font=["Hiragino Sans GB", "sans-serif"])**。如果不确定用什么字体，可以用以下代码显示 matplotlib 能够识别的字体名称。

```
import matplotlib.font_manager as fm
print(fm.get_font_names())
```

接下来调用 matplotlib 和 seaborn 库绘制图表（见清单 4.2）。

【输入代码】清单 4.2

```
%matplotlib inline
import matplotlib.pyplot as plt
import seaborn as sns
sns.set(font=["Microsoft YaHei", "sans-serif"])

plt.plot([0,100,200],[100,0,200])
plt.title(" 标题 ")
plt.show()
```

输出结果

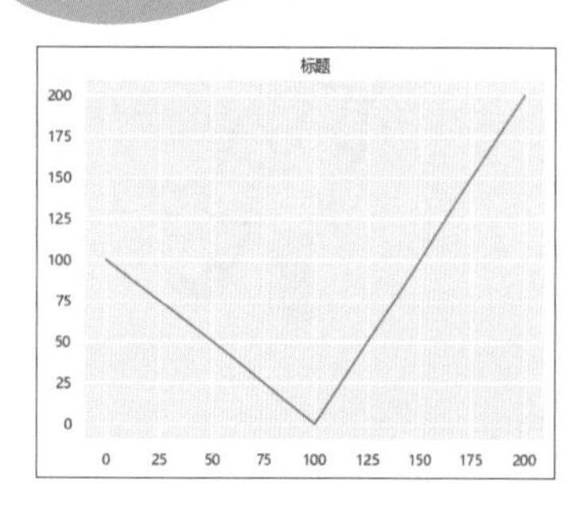

用 seaborn 修改图表样式

除了修改字体，用 seaborn 还能修改图表的整体样式，用法为“**sns.set(style="<样式名称>")**”。当然，也可以指定 **style** 和 **font**，同时修改样式和字体。通过修改清单 4.3 中的代码，可以绘制 **dark**（暗色背景）、**darkgrid**（暗色背景、有网格）、**white**（白色背景）、**whitegrid**（白色背景、有网格）和 **ticks**（有刻度线）等样式，如下图所示。

【例】清单 4.3

```
%matplotlib inline
sns.set(style="dark", font=["Microsoft YaHei",
    "sans-serif"])

plt.plot([0,100,200],[100,0,200])
plt.title("dark")
plt.show()
```

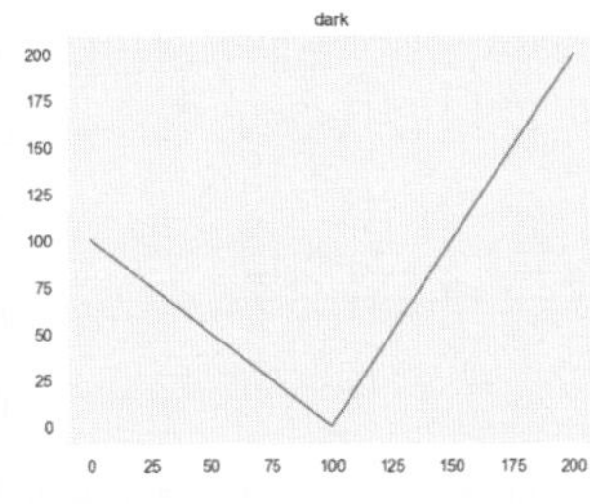

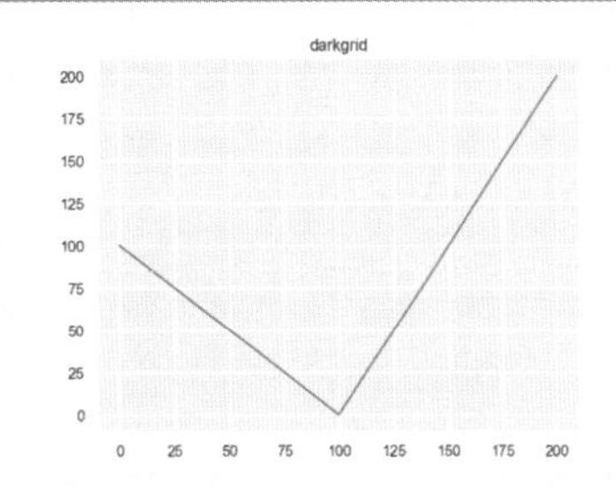

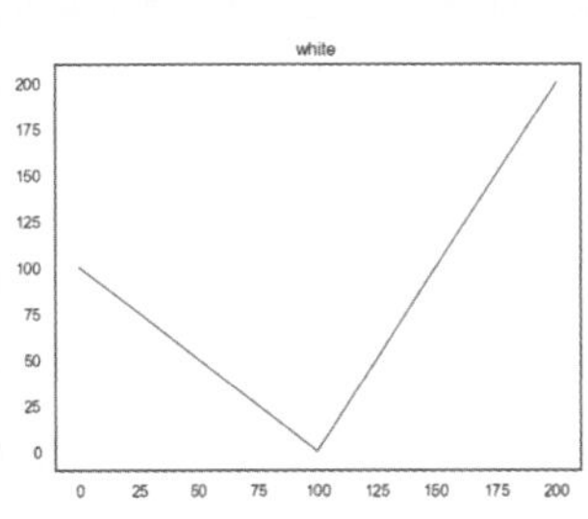

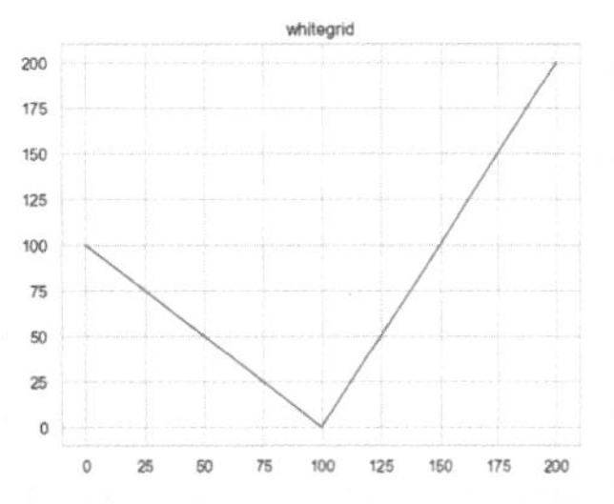

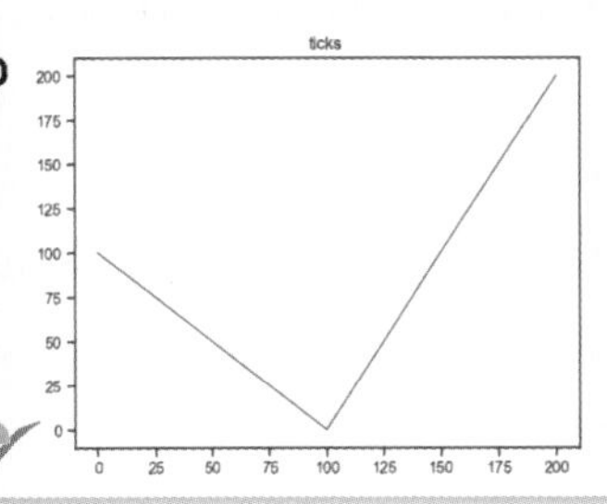

第12课

借助直方图查看数据偏差

为了查看数据偏差，我们在第 3 章制作了频数分布表。现在我们更进一步，将频数分布表绘制成直方图。

我们利用第 3 章的“蛋糕美味程度评价数据”绘制直方图。首先调用需要用到的 pandas、matplotlib 和 seaborn 库，设定中文字体，并创建数据框（见清单 4.4）。

【输入代码】清单 4.4

```
%matplotlib inline
import pandas as pd
import matplotlib.pyplot as plt
import seaborn as sns
sns.set(font=["Microsoft YaHei", "sans-serif"])

data = {"A 方案" : [1,10,1,10,1,10,1,10],
        "B 方案" : [5,5,5,5,6,6,6,6],
        "C 方案" : [1,2,3,4,7,8,9,10]}
df = pd.DataFrame(data)
df
```

输出结果

	A方案	B方案	C方案
0	1	5	1
1	10	5	2
2	1	5	3
3	10	5	4
4	1	6	7
5	10	6	8
6	1	6	9
7	10	6	10

频数分布表示例

区间	A方案	B方案	C方案
1~2	4	0	2
3~4	0	0	2
5~6	0	8	0
7~8	0	0	2
9~10	4	0	2

频数分布表是这样显示的。

与频数分布表相同，直方图也要划分区间。把区间参数赋予 **bins** 变量，用数据框绘制直方图的命令为“**<数据框>.plot.hist(bins=bins)**”。

数据分析的命令：绘制列数据的直方图

- 需要的库：pandas、matplotlib、seaborn（可选）
- 命令

```
df["<列名>"].plot.hist(bins=<分割区间>)
plt.show()
```

- 输出：呈现列数据偏差情况的直方图

千万别忘了给图表添加标题。这一点看似无关紧要，实际上非常关键。数据分析有一定的目的性，绘制图表是解决问题的一部分。添加标题方便再次确认绘制图表的初衷，同时让其他人看图表时容易抓住重点。

添加标题的命令是“**plt.title("<标题>")**”。例如，上述图表涉及的数据是对三种方案制作的蛋糕的印象问卷调查数据，所以标题可以起作“大家对蛋糕的印象有什么不同？”（见清单 4.5）。

【输入代码】清单 4.5

```
bins=[1,3,5,7,9,11]

df.plot.hist(bins=bins, ylabel="频数")
plt.title("大家对蛋糕的印象有什么不同？")
plt.show()
```

输出结果

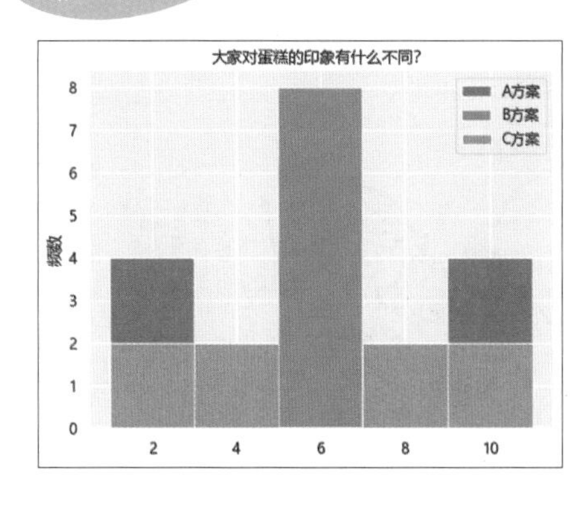

结果表明，原来的频数分布表以直方图的形式绘制。相比于表格，数据的分布情况更加直观了。

虽然已经得到图表形式的结果，但分析并不会止步于此。我们还要思考“从图表中可以看出什么”。例如，我们能够看出 A 方案的意见分为两个极端，B 方案的意见集中于中间区间，C 方案的意见各有不同。

绘制图表之前就要有意识地确定图表的目的性，绘制之后也要思考从中能得出什么结论。这样日积月累，就能逐渐学会从客观数据中发现玄机。

有时我们想要单独显示各列，可以指定“**<数据框>["<列名>"]**”，分别显示各列的图表。比如，我们通过“**<数据框>.columns**”获取所有列名，用它循环输出各列的图表（见清单 4.6）。

【输入代码】清单 4.6

```
for c in df.columns:
    df[c].plot.hist(bins=bins, ylabel="频数")
    plt.title(f"大家对{c}蛋糕的印象")
    plt.show()
```

输出结果

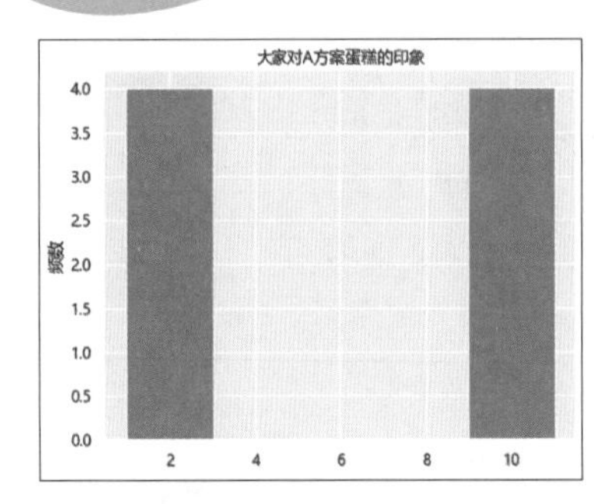

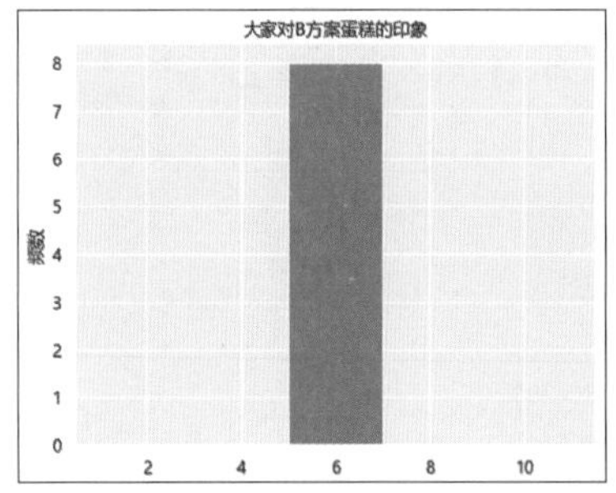

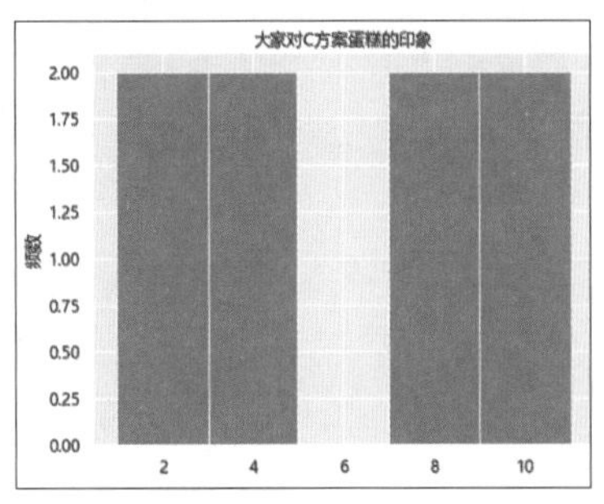

第13课

绘制基础图表

本节课我们来了解柱状图、饼图和折线图的用途及画法。

借助柱状图比较数据的大小

用 matplotlib 可以绘制各种各样的图表，我们接下来逐一介绍，先说柱状图。

柱状图主要用于比较数据的大小。每根“柱子”的高度代表不同数值，在比较诸如 A 班和 B 班的成绩、北京分店和上海分店的销售数据时使用。

例如，我们现在有一份数据，是三名学生的语文、数学和英语成绩，首先创建数据框（见清单 4.7），准备进行数据比较。

【输入代码】清单 4.7

```
%matplotlib inline
import pandas as pd
import matplotlib.pyplot as plt
import seaborn as sns
sns.set(font=["Microsoft YaHei","sans-serif"])

data = {"姓名" :  ["A洋","B刚","C婷"],
        "语文" : [60,80,100],
        "数学" : [65,85,100],
        "英语" : [66,88,100]}
df = pd.DataFrame(data)
df
```

输出结果

	姓名	语文	数学	英语
0	A洋	60	65	66
1	B刚	80	85	88
2	C婷	100	100	100

接下来用柱状图绘制数据图表。使用的命令为“<数据框>.plot.bar()”。柱状图中各“柱子”的高度代表各元素的值。

数据分析的命令：绘制列数据的柱状图

- 需要的库：**pandas**、**matplotlib**、**seaborn**（可选）
- 命令

```
df.plot.bar()
plt.show()
```

- 输出：列数据的柱状图

我们只是单纯地比较成绩，因此，为图表添加标题“三名学生的成绩”（见清单4.8）。

【输入代码】清单 4.8

```
df.plot.bar()
plt.title("三名学生的成绩")
plt.show()
```

输出结果

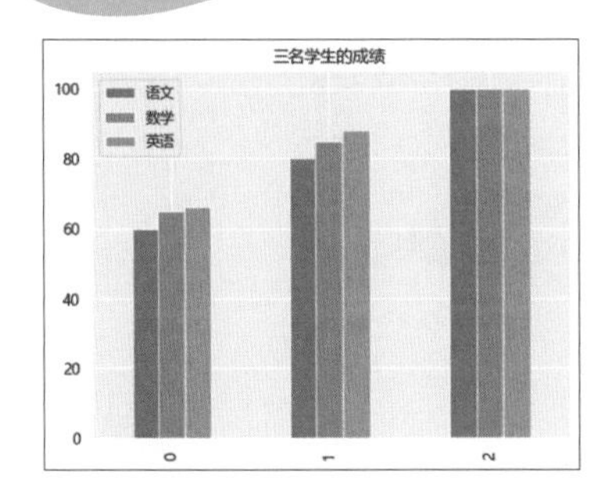

数据框中的数值数据，也就是语文、数学和英语成绩被绘制成柱状图，并标注了图例。但是作为字符串数据的“姓名”一列没有被绘制到图表中，被排除在外了。另外，图表的横轴显示的是行数据索引号 0、1、2，让人看不懂。所以我们需要将姓名改为索引，方法是“**df.set_index("<列名>", inplace=True)**”（见清单 4.9）。

【输入代码】清单 4.9

```
df.set_index("姓名", inplace=True)
df
```

输出结果

姓名	语文	数学	英语
A洋	60	65	66
B刚	80	85	88
C婷	100	100	100

再次将数据框绘制为柱状图。这次，横轴成功地显示了姓名（见清单 4.10）。

【输入代码】清单 4.10

```
df.plot.bar(rot=0) # 设置 X 轴标签旋转
plt.title("三名学生的成绩")
plt.show()
```

输出结果

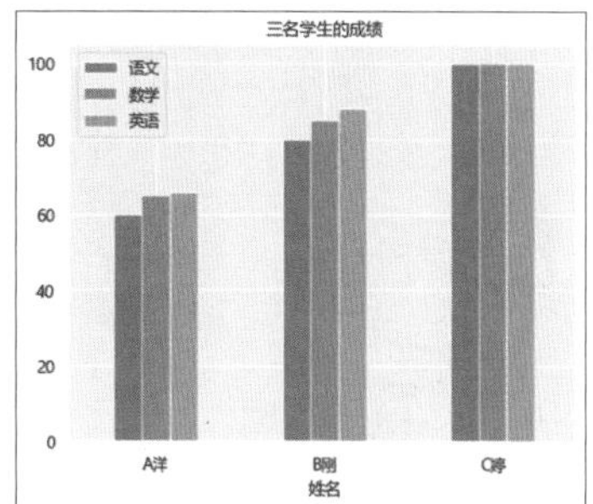

结果显示，C 婷同学的三科成绩柱状图都很高，说明她在各门课上都很努力。

和前面的直方图一样，想要只看某一列的数据时，使用“**df["<列名>"]**”指定列数据。接下来只看语文成绩的数据（见清单 4.11）。

【输入代码】清单 4.11

```
df["语文"].plot.bar(rot=0)
plt.title("语文成绩")
plt.show()
```

输出结果

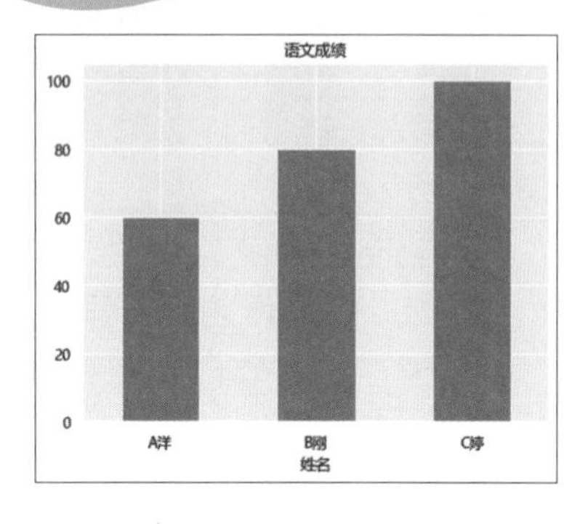

备忘录

柱状图和直方图的区别

柱状图和直方图看起来非常像，但图表的含义和查看方法有区别。简单来说，柱状图看高度，直方图看面积。

柱状图是用于比较数量大小的图表。每个柱子代表独立的数据，因此柱子之间有间隔，柱子的高度代表各自的数值，用于比较大小。而直方图是用于观察一种数据的偏差分布的图表，每个方块代表将一份数据分为若干区间得到的各个区间内的数据量，所以是连续的数据，方块之间没有间隔，从各个区间内方块的面积来判断该范围内的数据量。

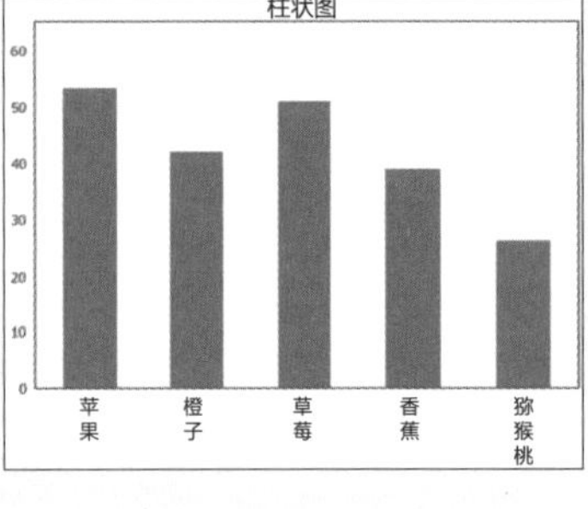

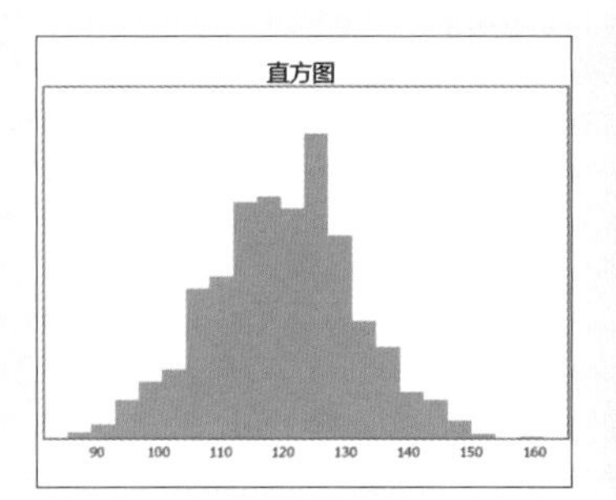

借助折线图查看变化趋势

折线图是查看数据随时间等因素变化趋势的图表，主要用于随时间变化的数据，也称为“时序数据”，索引经常为年、月、日、时、分、秒等。

以气温变化为例，作者收集了北京、上海、广州三个城市某年的月平均气温数据，观察它们随时间的变化（见清单 4.12）。

【输入代码】清单 4.12

```
%matplotlib inline
import pandas as pd
import matplotlib.pyplot as plt
import seaborn as sns
sns.set(font=["Microsoft YaHei","sans-serif"])

data = {"月份" : [1,2,3,4,5,6,7,8,9,10,11,12],
        "北京" : [-4.6, -2.2, 4.5, 13.1, 19.8, 24.0, 25.8, 24.4,
                  19.4, 12.4, 4.1, -2.7],
        "上海" : [3.5, 4.6, 8.3, 14.0, 18.8, 23.3, 27.8, 27.7,
                  23.6, 18.0, 12.3, 6.2],
        "广州" : [13.3, 14.4, 17.9, 21.9, 25.6, 27.2, 28.4, 28.1,
                  26.9, 23.7, 19.4, 15.2]}

df = pd.DataFrame(data)
df.head()
```

输出结果

	月份	北京	上海	广州
0	1	-4.6	3.5	13.3
1	2	-2.2	4.6	14.4
2	3	4.5	8.3	17.9
3	4	13.1	14.0	21.9
4	5	19.8	18.8	25.6

注意，索引是从 0 开头的。我们需要从 1 开头，并把“月份”作为索引（见清单 4.13）。

【输入代码】清单 4.13

```
df.set_index("月份", inplace=True)
df.head()
```

输出结果

月份	北京	上海	广州
1	-4.6	3.5	13.3
2	-2.2	4.6	14.4
3	4.5	8.3	17.9
4	13.1	14.0	21.9
5	19.8	18.8	25.6

用折线图绘制数据图表，命令为“**<数据框>.plot()**”。图中折线的趋势表示每一列数据发生的变化。

数据分析的命令：绘制列数据的折线图

- 需要的库：**pandas**、**matplotlib**、**seaborn**（可选）
- 命令

```
df["<列名>"].plot()
plt.show()
```

- 输出：列数据的折线图

因为上述数据内容是气温的变化，所以添加标题“中国城市月平均气温变化图”（见清单 4.14）。

【输入代码】清单 4.14

```
df.plot()
plt.title("中国城市月平均气温变化图")
plt.show()
```

输出结果

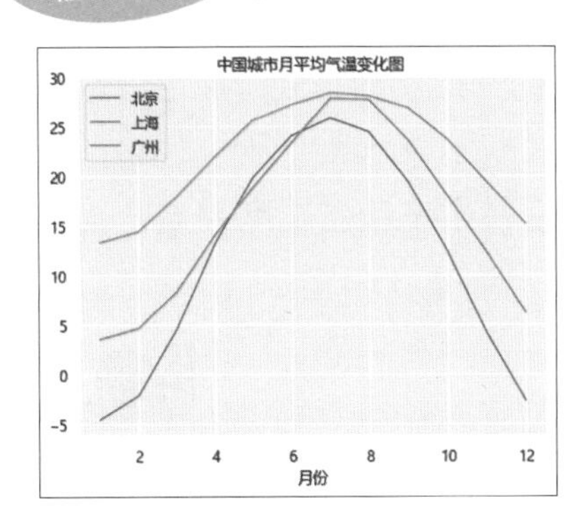

结果显示了北京、上海、广州在一年内的月平均气温变化。三条折线的高度和曲折趋势不同，从中不难看出，广州的气温整体要比北京高，并且冬季和夏季的温差也比北京小。这非常符合我们在地理课上学到的知识。

我们再来看某一个城市的气温。使用“**df["<列名>"]**”指定某一列数据，如北京的气温数据（见清单 4.15）。

【输入代码】清单 4.15

```
df["北京"].plot()
plt.title("北京月平均气温变化图")
plt.show()
```

输出结果

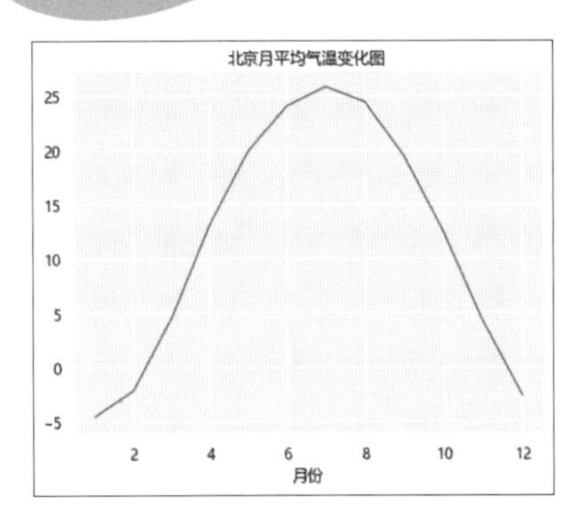

借助饼图比较元素的占比

饼图告诉我们“元素在数据整体中的占比”。此时一般将数据处理成百分数，总和为 100%。

以大家对点心的喜爱程度的调查数据为例，假设有饼干和蛋糕两种点心，调查问卷的统计数据如下（见清单 4.16）。

【输入代码】清单 4.16

```
%matplotlib inline
import pandas as pd
import matplotlib.pyplot as plt
import seaborn as sns
sns.set(font=["Microsoft YaHei","sans-serif"])

data = {"饼干" : [35,47,18],
        "蛋糕" : [62,26,12]}
idx = ["喜欢","一般", "讨厌"]
df = pd.DataFrame(data, index=idx)
df
```

输出结果

	饼干	蛋糕
喜欢	35	62
一般	47	26
讨厌	18	12

用饼图绘制数据，命令是“<数据框>.plot.pie()”，用一个圆表示列数据的总和，用扇形的面积表示各元素的占比。

数据分析的命令：绘制列数据的饼图

- 需要的库：**pandas**、**matplotlib**、**seaborn**（可选）
- 命令

```
df["<列名>"].plot.pie()
plt.show()
```

- 输出：列数据的饼图

为图表添加标题“大家对点心的偏好是怎样的？”（见清单 4.17）。

【输入代码】清单 4.17

```
df["饼干"].plot.pie()
plt.title("大家对点心的偏好是怎样的？")
plt.show()
```

输出结果

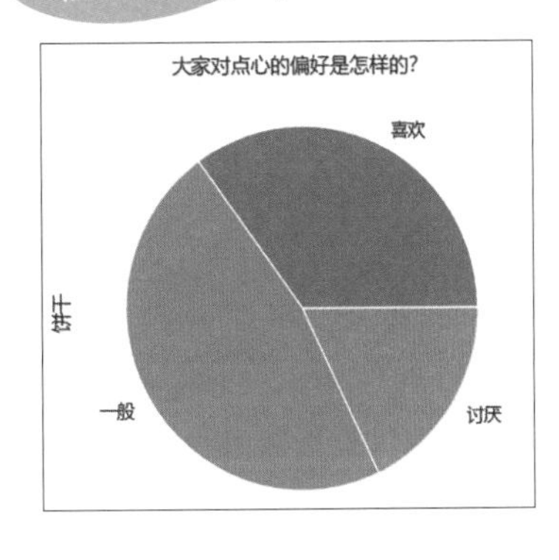

饼图画好了，但是不太符合我们常见的饼图样式。

这是因为，matplotlib 是从正右方位置开始逆时针绘制饼图的，而我们常见的饼图是从正上方开始，逆时针或顺时针绘制。我们以从正上方开始，顺时针绘制为例，此时要指定参数 **startangle=90,counterclock=False**。另外，现在饼图中的文字标签“喜欢”“一般”和“讨厌”被放在饼图之外，指定参数 **labeldistance=0.5** 把文字放入饼图内部（见清单 4.18）。

【输入代码】清单 4.18

```
df["饼干"].plot.pie(startangle=90, counterclock=False,
                    labeldistance=0.5)
plt.title("大家对点心的偏好是怎样的？")
plt.show()
```

输出结果

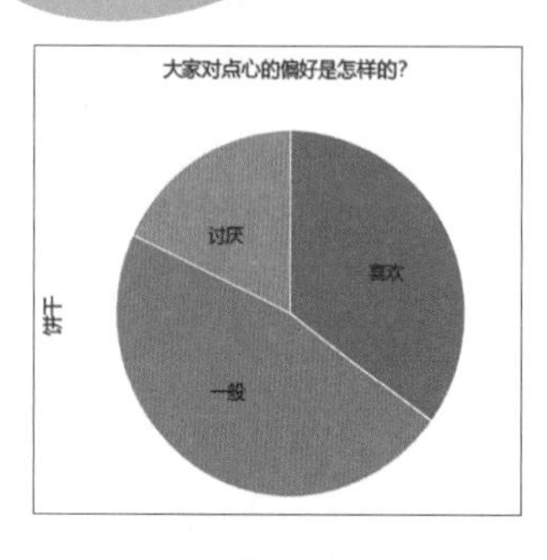

现在就比较符合我们常见的饼图样式了。接下来把蛋糕的数据也绘制出来（见清单 4.19）。

【输入代码】清单 4.19

```
df["蛋糕"].plot.pie(startangle=90, counterclock=False,
                    labeldistance=0.5)
plt.title("大家对点心的偏好是怎样的？")
plt.show()
```

输出结果

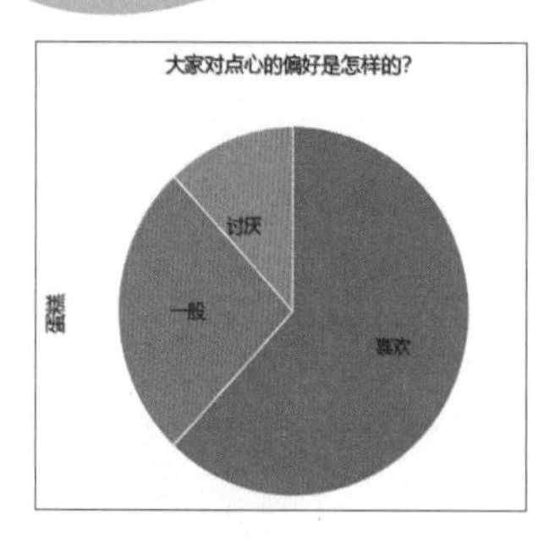

结果表明，大家对饼干的喜爱程度比较一般，更多人喜欢蛋糕。

柱状图、折线图和饼图的用途区分

柱状图、折线图和饼图涉及的数据性质不一样。我们可以通过一系列问题选择最合适的图表。

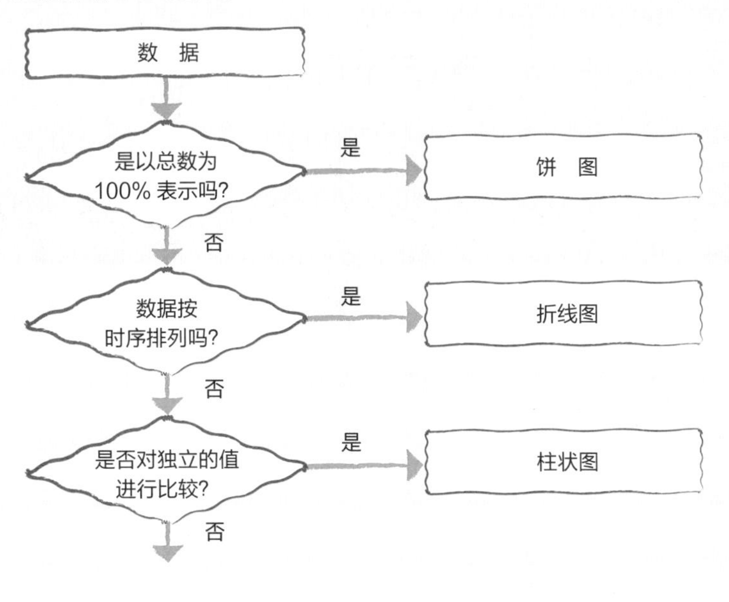

观察偏差的图表

本节课我们来介绍箱线图和散点图的画法及用途。

借助箱线图比较数据的偏差

箱线图是用来比较列数据之间偏差的图表。我们用直方图表现数据偏差时，呈现的是一份数据的偏差。当比较多份数据的偏差时，重叠绘制在同一张图上比较杂乱，这时用箱线图就方便得多。

箱线图由长方形（箱形）和两侧的延长线组成，将整个数据分为四部分。首先将数据从小到大按顺序排列，求出上四分位数（75% 位置的数）、下四分位数（25% 位置的数）和中位数，以上四分位数和下四分位数之间为区间绘制箱子，并绘制中位数。然后，根据箱子的区间估计一个合理范围，求出范围内数据的最大值和最小值，绘制延长线。超出范围的值称为离群值，用单独的点绘制。

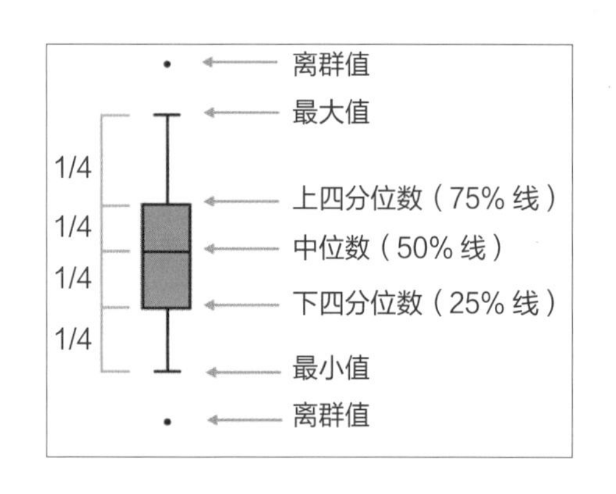

箱线图和股票交易中的“蜡烛图”有点像，但用途不同哦。

箱线图和直方图都可以用来表示数据的分布，我们不妨对比一下。

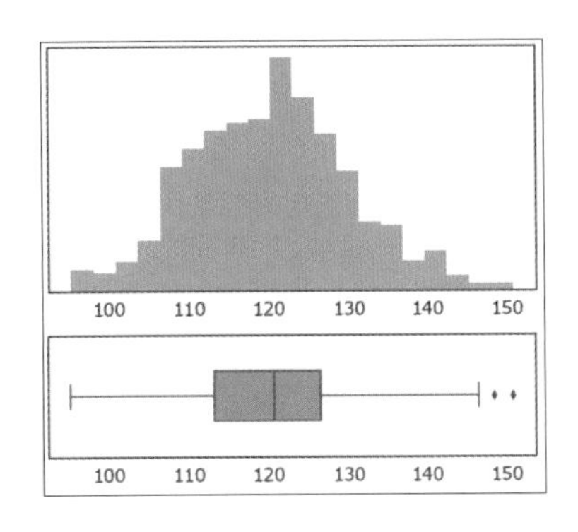

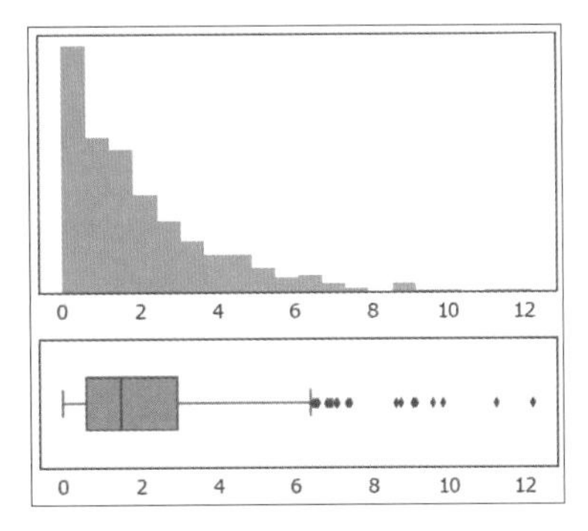

上图显示，箱线图和直方图都能表示出数据在哪里集中、在哪里分散的特征。但是，直方图显示出多个峰值的分布，在箱线图里就无法表示了。

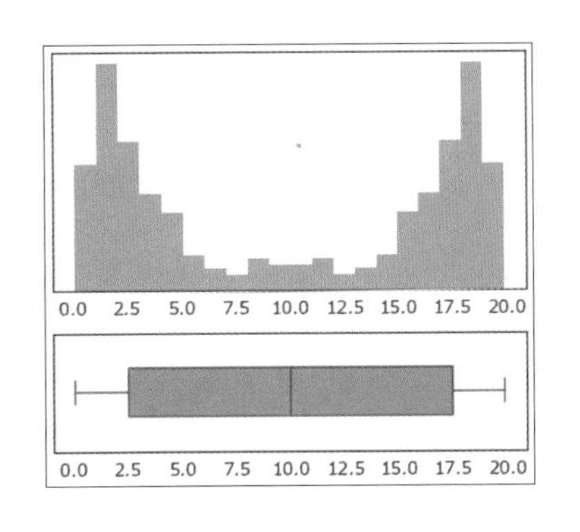

我们以两个班级的身高差为例，比较它们的箱线图。假设 A 班和 B 班学生的身高如下（见清单 4.20）。

【输入代码】清单 4.20

```
%matplotlib inline
import pandas as pd
import matplotlib.pyplot as plt
import seaborn as sns
sns.set(font=["Microsoft YaHei","sans-serif"])
```

```
data = {"A 班" :[163.6, 172.6, 163.7, 167.1, 169.9, 173.9, 170.1,
                  166.2, 176.7, 165.4],
        "B 班" :[166.9, 172.7, 166.4, 173.4, 169.6, 171.8, 166.9,
                  168.2, 166.7, 169.8]}
df = pd.DataFrame(data)
df.head()
```

输出结果

	A班	B班
0	163.6	166.9
1	172.6	172.7
2	163.7	166.4
3	167.1	173.4
4	169.9	169.6

用箱线图绘制数据图表。可以使用 matplotlib 库中的 **df.boxplot()** 命令，但用 seaborn 库提供的“**sns.boxplot(data=< 数据框 >, width=< 宽度 >)**”命令可以绘制颜色更丰富、更美观的箱线图（见清单 4.21）。

数据分析的命令：绘制列数据的箱线图

- 需要的库：**pandas**、**matplotlib**、**seaborn**
- 命令

```
sns.boxplot(data=df, width=" 宽度 ")
plt.show()
```

- 输出：列数据的箱线图

【输入代码】清单 4.21

```
sns.boxplot(data=df, width=0.2)
plt.title(" 两个班级的身高差距 ")
plt.show()
```

输出结果

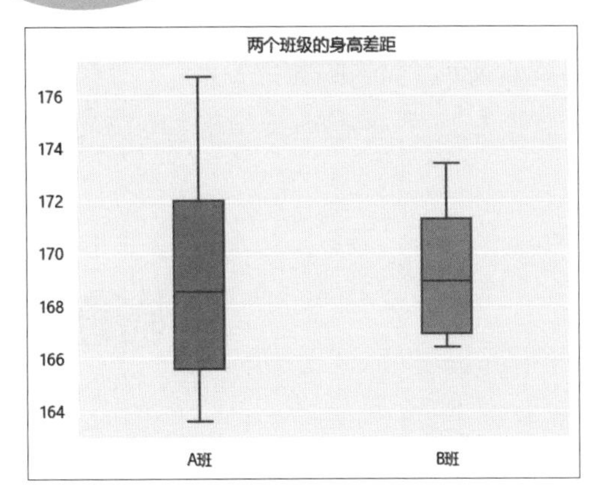

结果表明，A 班的延长线较长，B 班的延长线较短。说明 A 班的身高偏差较大，B 班的身高分布更均匀。观察箱线图中的线，B 班的中位数线比 A 班的高。这似乎说明 A 班有身高较高的学生，但 B 班的中位数高一些。我们输出中位数结果验证一下（见清单 4.22）。

【输入代码】清单 4.22

```
print(df.median())
```

输出结果

```
A 班    168.5
B 班    168.9
dtype: float64
```

B 班的中位数的确比 A 班高一些，但差距非常小。

借助散点图查看两种数据的相关性

由散点图能看出两种数据的相关性，方便直观感受两种数据的关系。

比如，我们来看一下身高和体重的关系。假设某班的身高和体重数据如下（见清单 4.23）。

【输入代码】清单 4.23

```
%matplotlib inline
import pandas as pd
import matplotlib.pyplot as plt
import seaborn as sns
sns.set(font=["Microsoft YaHei","sans-serif"])

data = {"身高":[163.6, 172.6, 163.7, 169.9, 173.9, 166.2, 176.7,
                165.4],
        "体重":[50.5, 63.3, 48.5, 59.8, 69.8, 53.7, 70.3, 51.2]}
df = pd.DataFrame(data)
df.head()
```

输出结果

	身高	体重
0	163.6	50.5
1	172.6	63.3
2	163.7	48.5
3	169.9	59.8
4	173.9	69.8

用散点图绘制数据图表。命令是“**<数据框>.plot.scatter(x="<横轴的列名>", y="<纵轴的列名>", c="<颜色名>")**”。

颜色可指定为 **black**（黑色）、**red**（红色）、**blue**（蓝色）和 **green**（绿色）等，也可以简化指定为 **k**（黑色）、**r**（红色）、**g**（绿色）、**b**（蓝色）、**y**（黄色）、**c**（青色）、**m**（品红色）等。

数据分析的命令：绘制散点图

- 需要的库：**pandas**、**matplotlib**
- 命令

```
df.plot.scatter(x="<横轴的列名>", y="<纵轴的列名>", c="<颜色>")
plt.show()
```

- 输出：指定列数据的散点图

接下来，添加标题“身高和体重的关系”（见清单 4.24）。

【输入代码】清单 4.24

```
df.plot.scatter(x="身高", y="体重", c="b")
plt.title("身高和体重的关系")
plt.show()
```

输出结果

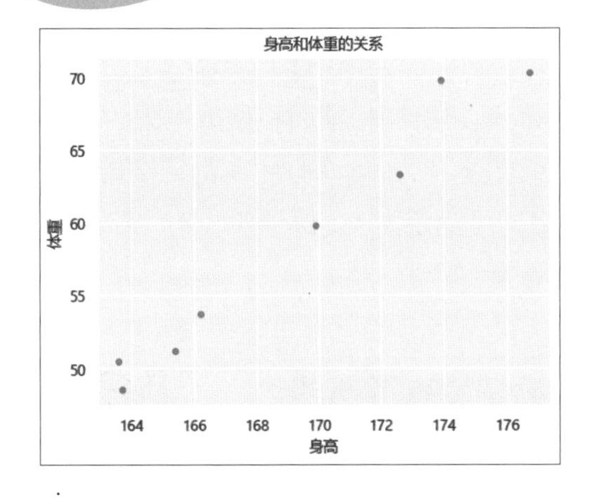

图中显示了身高和体重的分布，整体上沿一条斜线，从左下角到右上角排列。我们可以初步得出结论：身高越高，体重越大，二者是正相关的。

使图表更加清晰

本节课我们来了解一些在图表中突出重点的技巧。

突出图表的重点

我们已经学会绘制各种图表，接下来看一些让图表更加清晰的技巧。

比如，散点图上有很多点，有时看不太清楚每个数据的位置和具体数值。当我们想要突出其中一点时，可以使用“标记”。绘制标记会用到 **plt.plot()** 命令，我们在之前学习的时候见过这个函数，这次我们用它绘制标记而不是折线图，用法是“**plt.plot(<x 坐标>, <y 坐标>, c="<颜色>", marker="<标记格式>", markersize=<记号大小>)**”。其中，标记格式可指定为 **o**（圆形），**X**（叉号），**v**、**^**、**<**、**>**（三角形），**d**（菱形），*****（五角星）等。

数据分析的命令：在图表上添加一个标记

- 需要的库：**pandas**、**matplotlib**
- 命令

```
# 使用绘制折线图 / 散点图的 plot 命令
plt.plot(<x 坐标>, <y 坐标>, c="<颜色>", marker="X", markersize=
         <记号大小>)

plt.show()
```

- 输出：在图表上添加一个标记

例如，设"我"的身高和体重数据在数据框的第3行，我们想要标记"我的位置"。此时，通过"**df.iloc[3]["身高"]**"和"**df.iloc[3]["体重"]**"获取标记的横坐标和纵坐标（见清单4.25）。

【输入代码】清单 4.25

```
sns.set_context("talk") #调整图表的字号等风格
df.plot.scatter(x="身高", y="体重", c="b", figsize=(12,8))

x=df.iloc[3]["身高"]
y=df.iloc[3]["体重"]
plt.plot(x, y, c="r", marker="X", markersize=15)

plt.title("我的位置")
plt.show()
```

输出结果

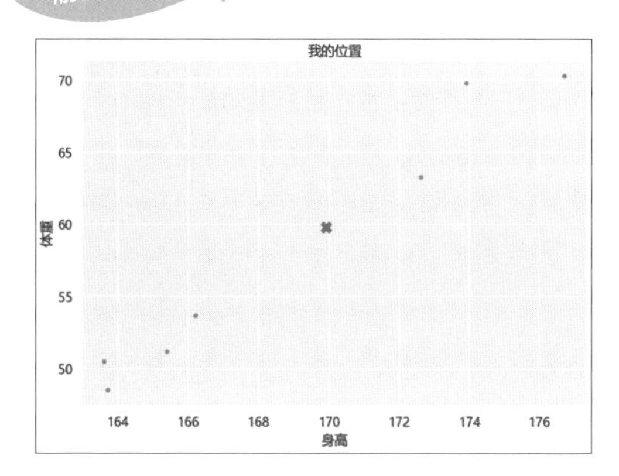

在图表上添加一些线

为了更加显著地标明某个点的位置，还可以在水平、垂直两个方向上画线。

在绘制图表之后追加画线的命令。画垂直线的命令是"**plt.axvline(x=<横坐标>, c="<颜色>", linestyle="<线的形状>")**"，画水平线的命令是"**plt.axhline(y=<纵坐标>, c="<颜色>", linestyle="<线的形状>")**"。

线的形状可指定为 -（实线）、--（虚线）、-.（点划线）、:（点线）等。

数据分析的命令：在图表上添加垂直线和水平线

- 需要的库：**pandas**、**matplotlib**
- 命令

```
# 使用绘制折线图 / 散点图的 plot 命令
plt.axvline(x=< 横坐标 >, c="< 颜色 >", linestyle="< 线的形状 >")
plt.axhline(y=< 纵坐标 >, c="< 颜色 >", linestyle="< 线的形状 >")
plt.show()
```

- 输出：在图表上添加垂直线和水平线

根据“我的位置”添加垂直线和水平线（见清单 4.26）。

【输入代码】清单 4.26

```
sns.set_context("talk")
df.plot.scatter(x=" 身高 ", y=" 体重 ", c="b", figsize=(12,8))

x=df.iloc[3][" 身高 "]
y=df.iloc[3][" 体重 "]
plt.plot(x, y, c="r", marker="X", markersize=15)

plt.axvline(x=x, c="r", linestyle="--")
plt.axhline(y=y, c="r", linestyle="--")
plt.title(" 我的位置 ")
plt.show()
```

输出结果

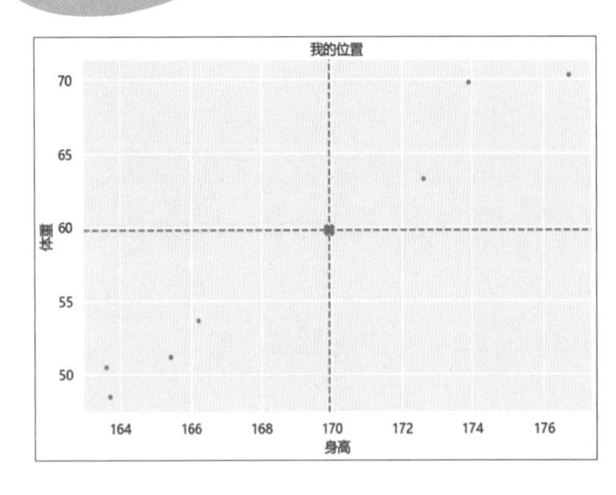

有了线，就容易读出身高和体重的具体数值了！

判断数据常见或罕见：正态分布

哦！画出直方图了！
对呀。可是这能看出什么呢？

好问题。从前的人们也想到这个问题，发明了好方法哦。
爷爷那么大岁数的人吗？

比爷爷还早呢，是200多年前的人们。
那么早！

“星蟹”已经存在很久了，对吧？“星蟹”所在的自然界中有很多事物的规律是相同的。
正态分布就是找到这些共同点的方法。

正态分布？
嗯，在查看共同点的过程中就能区分哪些是常见的事物，哪些是罕见的了。
哦！

那我们来看看吧！准备好了吗？
好了！

引　言

标准差

标准差 = $\sqrt{方差}$

标准差?

正态分布

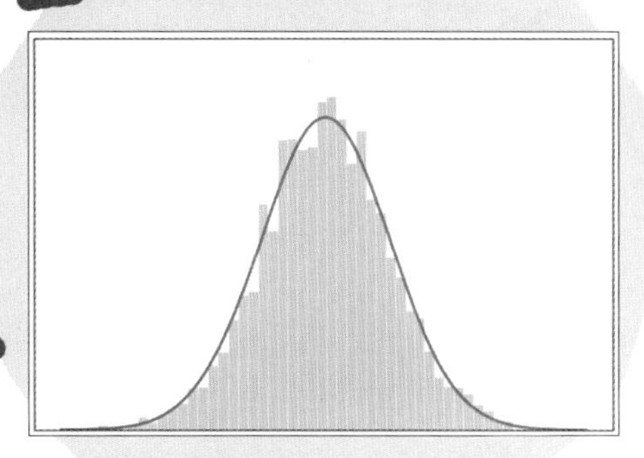

有很多作用呀!

比较偏差和正态分布

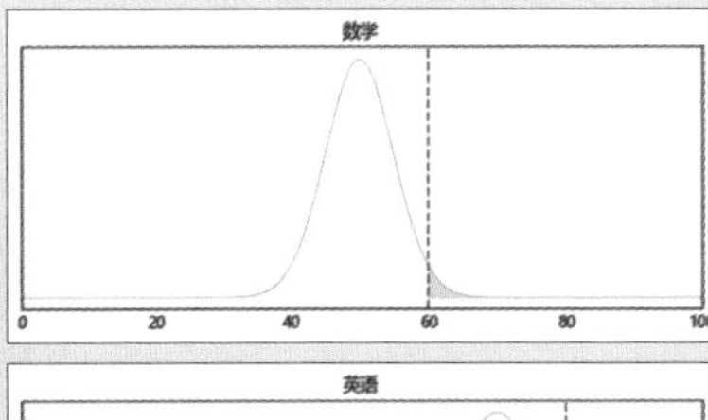

英语

0　20　40　60　80　100

偏差和 IQ

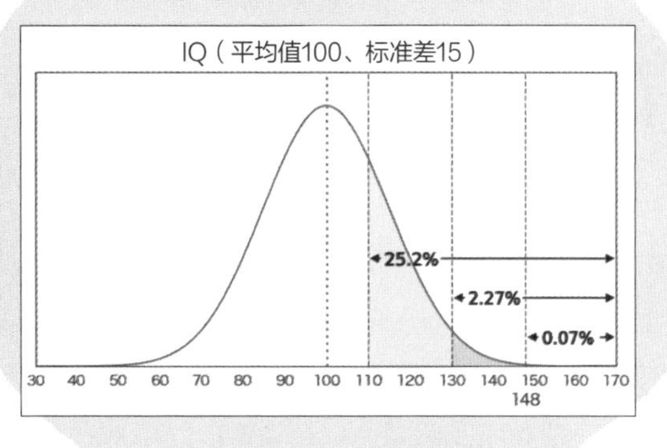

能求出偏差和
IQ 的值哦!

第16课

用数值表示数据的偏差

本节课介绍表示数据偏差的两个数值，分别是“方差”和“标准差。

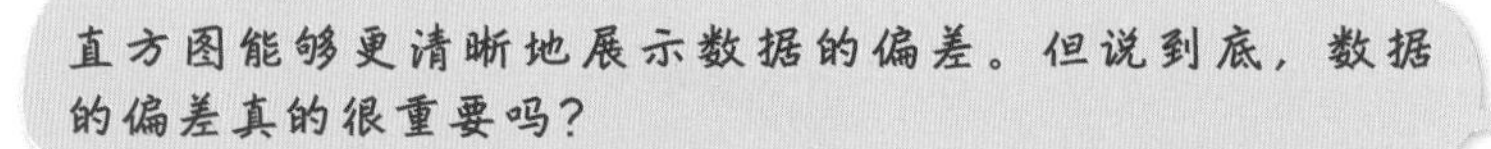

直方图能够更清晰地展示数据的偏差。但说到底，数据的偏差真的很重要吗？

数据的偏差有不小的作用呢。事实上，自然界很多数据分布的偏差形态都十分相似。

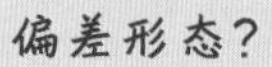

偏差形态？

就是“正态分布”，它能根据数据偏差告诉我们事物是常见还是罕见。

数据偏差真有这么厉害？

这就是聪明的科学家找到的有力工具。我们从“标准差”开始了解。

我们已经会用频数分布表、直方图等形式直观地查看数据的偏差，更进一步，我们可以把数据的偏差总结为一个数值——标准差。

那么，数据的偏差究竟是什么意思呢？

来看具体的示例。

为便于理解，我们准备了两组范围为 0 ~ 100、平均值相同但偏差不同的数据 A 和 B。先来看 A 和 B 的平均值（见清单 5.1）。

【输入代码】清单 5.1

```
import pandas as pd
data = {"ID": [0,1,2,3,4,5,6,7,8,9],
        "A" : [59, 24, 62, 48, 58, 19, 32, 88, 47, 63],
        "B" : [49, 50, 49, 54, 45, 52, 56, 48, 45, 52]}
df = pd.DataFrame(data)
print(df["A"].mean())
print(df["B"].mean())
```

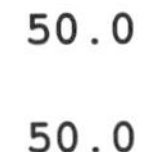

输出结果

```
50.0
50.0
```

A 和 B 两组数据的平均值相同，我们用图表来观察数据的分布情况。因为数据数量不多，可以直接用散点图观察（见清单 5.2），指定横轴为 ID，纵轴为对应的列数据名。为便于比较，设定参数 **ylim=(0,100)**，令两幅图的纵轴范围一致。最后，根据两组数据的平均值（50）画水平线。

【输入代码】清单 5.2

```
%matplotlib inline
import matplotlib.pyplot as plt
import seaborn as sns
sns.set(font=["Microsoft YaHei","sans-serif"])

df.plot.scatter(x="ID", y="A", color="b", ylim=(0,100))
plt.axhline(y=50, c="Magenta")
plt.title("A 的偏差：较大 ")
plt.show()
```

```
df.plot.scatter(x="ID", y="B", color="b", ylim=(0,100))
plt.axhline(y=50, c="Magenta")
plt.title("B 的偏差：较小")
plt.show()
```

输出结果

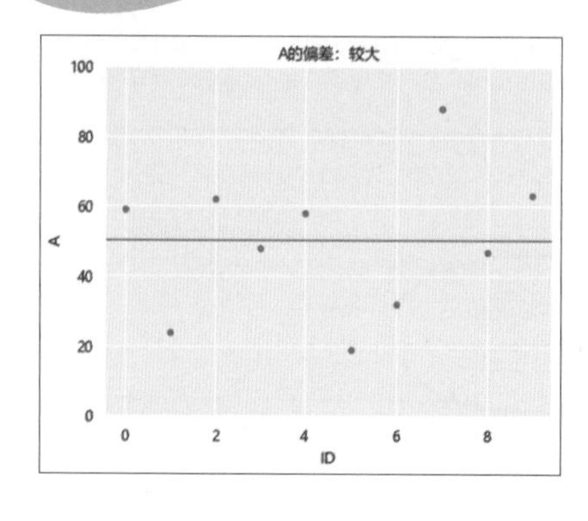

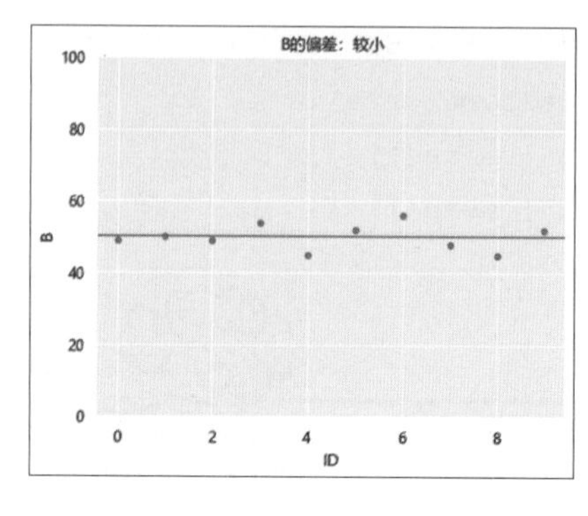

结果显示，数据分散在平均值上下。用箭头表示数据偏差程度，如下图所示。

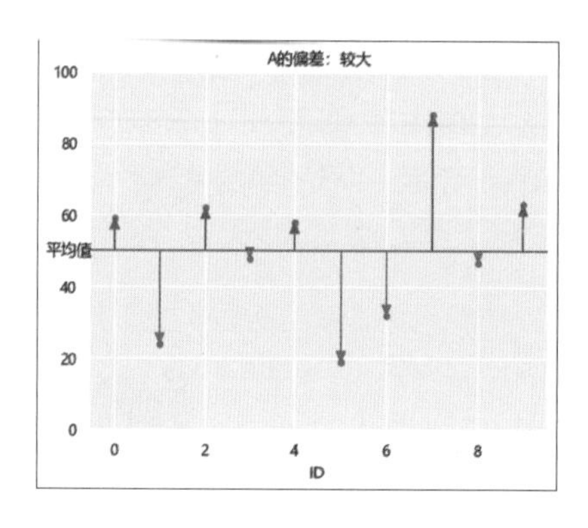

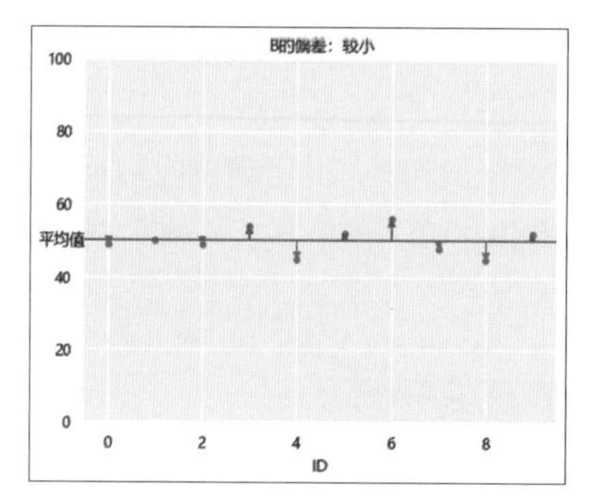

怎样用一个数值表示数据整体上下偏差的程度呢？上下偏差是各数据与平均值的差，如果把它们合起来取平均值，也许能够用一个数值表示整体数据与平均值的偏差程度。

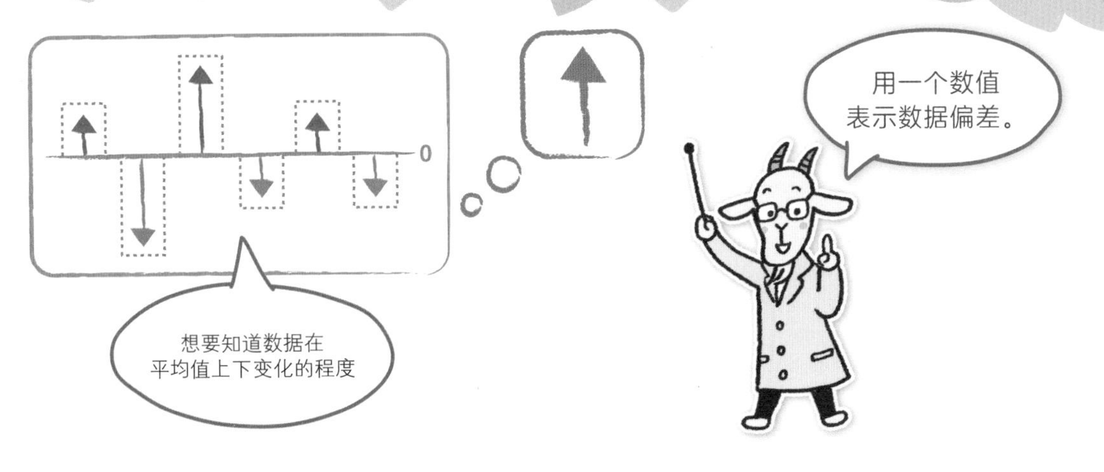

0
用一个数值
表示数据偏差。
想要知道数据在
平均值上下变化的程度

但是，直接把各数据与平均值的差求和并取平均值，会得到0。这是因为平均值就是将偏差填平的值，数据在平均值上下分布，和平均值的差有正有负，互相抵消，结果一定是0。

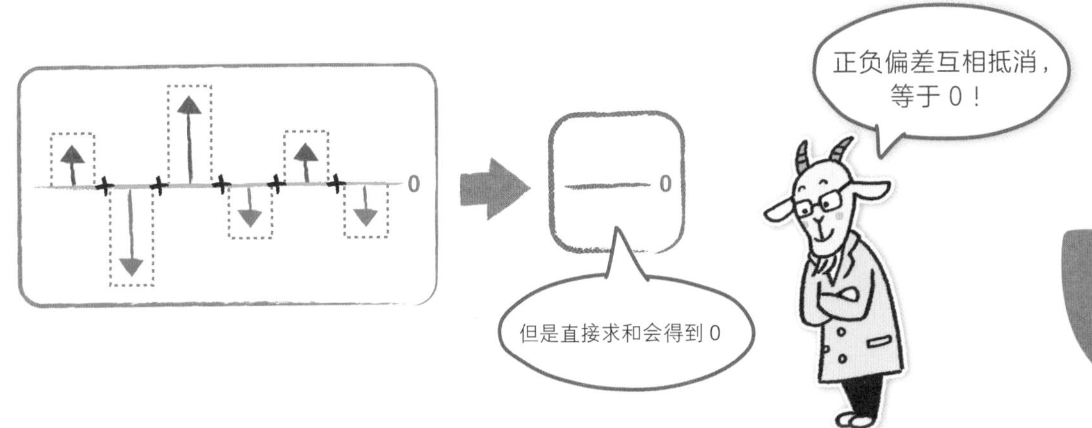

正负偏差互相抵消，
等于0！
0
0
但是直接求和会得到0

因此，人们想到把负数的部分变为正数。比如，将各数据和平均值的差先求平方，因为负数求平方的结果是正数，就不会互相抵消了。对平方求和再取平均数，结果就是“方差”，它代表了数据分散的状态。

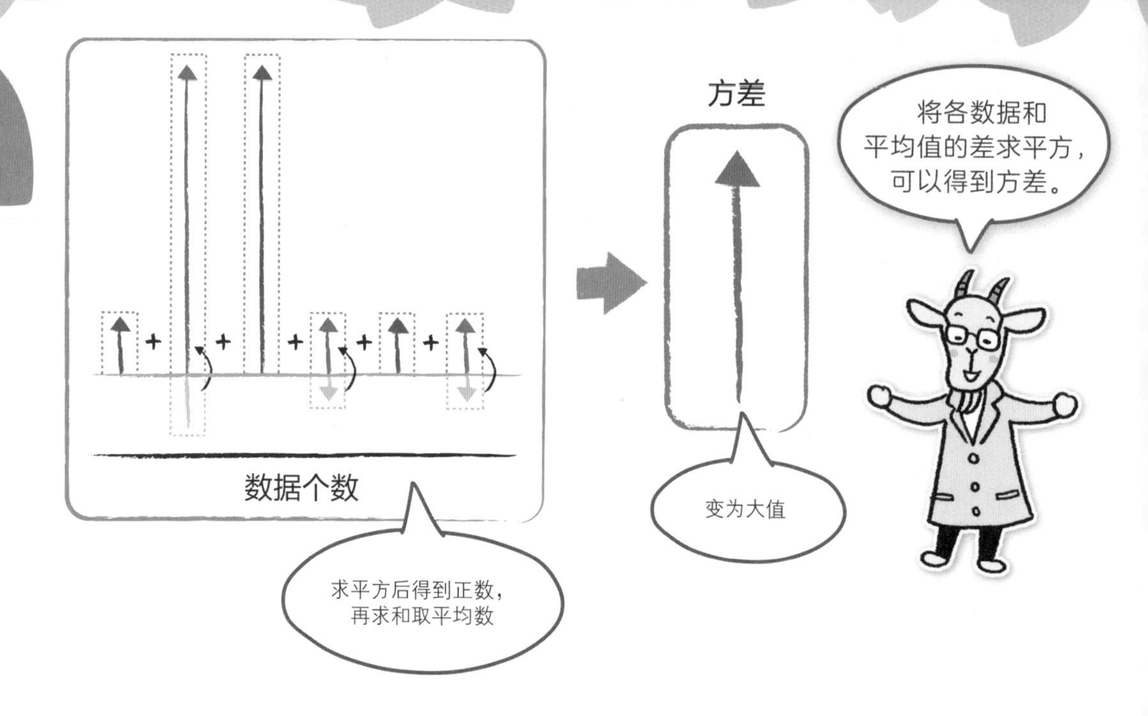

方差的计算公式为“方差 = 数据和平均值之差的平方和 ÷ 数据个数”。很多时候，统计学上用“样本方差”代替方差，除数从“数据个数”改为“数据个数 −1”，这里就不展开讨论了。

$$方差 = \frac{\Sigma(数据 - 平均值)^2}{数据个数（或数据个数 -1）}$$

用pandas库求方差的命令为“**<数据框>.var()**”，来试一试吧（见清单5.3）。

数据分析的命令：求各个列数据的方差

- 需要的库：**pandas**
- 命令

```
df.var()
```

- 输出：各列数据的方差

【输入代码】清单 5.3

```
print(df.var())
```

输出结果

```
ID         9.166667
A        430.666667
B         12.888889
dtype: float64
```

结果呈现了各列数据的方差，甚至连 ID 的值也给出了方差——虽然没有什么意义，我们看 A 和 B 的值就行。已知 A 和 B 的数据变化范围为 0 ~ 100，但 A 的方差达到了 430 以上。

这是因为方差计算用到了平方，原始数值越大，结果就越大。人们于是又想到，既然是求平方得到的结果，应该可以通过开平方回到原来的范围，这就是“标准差”的由来。

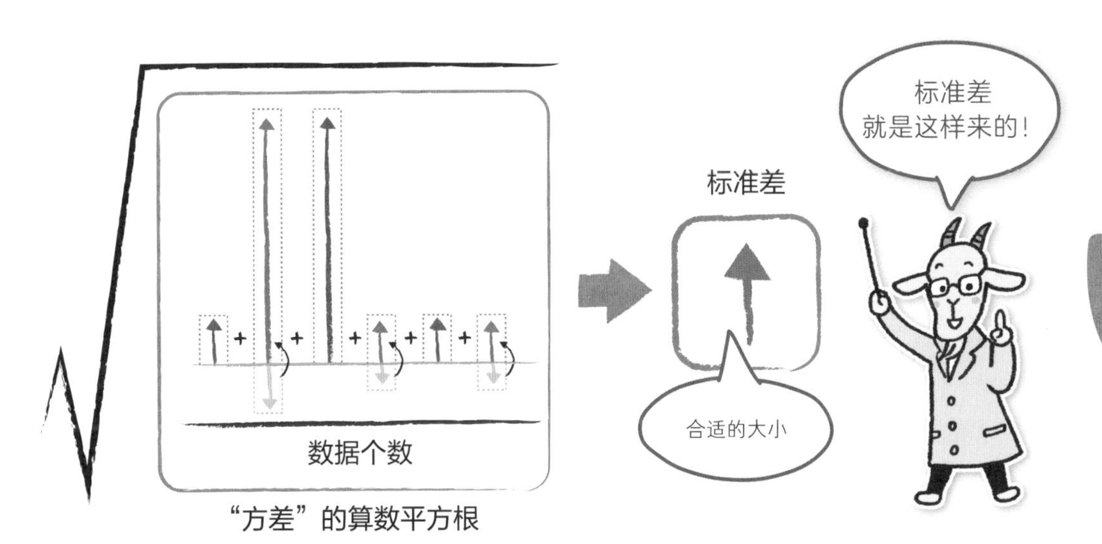

“方差”的算数平方根

标准差就是“方差的算术平方根”。

$$标准差 = \sqrt{方差}$$

用 pandas 库求标准差的命令为“**<数据框>.std()**”，来试一试吧（见清单 5.4）。

数据分析的命令：求各列数据的标准差

- 需要的库：**pandas**
- 命令

```
df.std()
```

- 输出：各列数据的标准差

【输入代码】清单 5.4

```
print(df.std())
```

输出结果

```
ID        3.02765
A        20.75251
B         3.59011
dtype: float64
```

我们得到了标准差的计算结果。同样是分布在 0 ~ 100 的数据，A 的标准差约为 20.8，B 的标准差约为 3.6。如果数据为长度、质量等有单位的量，那么标准差的单位和数据的单位一致。

查看一定范围内的数据量

标准差的方便之处在于，它不仅能表示偏差程度，当分布符合某种状态的假设时，还能够估计“一定范围内的数据量”。比如，数据整体中有约 68% 的数据位于“平均值 - 标准差”到“平均值 + 标准差”范围内。

我们不妨根据 A 数据的平均值和标准差把这个范围显示出来（见清单 5.5）。

【输入代码】清单 5.5

```
meanA = df["A"].mean()
stdA = df["A"].std()
print(meanA - stdA, " ~ ", meanA + stdA)
```

输出结果

```
29.247490111635493 ~ 70.7525098883645
```

结果的含义为“A数据中有约68%的数据位于29.2 ~ 70.8”。

接下来根据B数据的平均值和标准差显示范围（见清单5.6）。

【输入代码】清单5.6

```
meanB = df["B"].mean()
stdB = df["B"].std()
print(meanB - stdB, " ~ ", meanB + stdB)
```

输出结果

```
46.409890128577 ~ 53.590109871423
```

结果的含义为“B数据中有约68%的数据位于46.4 ~ 53.6”。

68%的估计是否属实呢？不妨把这两个范围（A数据为29.2 ~ 70.8，B数据为46.4 ~ 53.6）用水平虚线画在图表上，如下图所示。

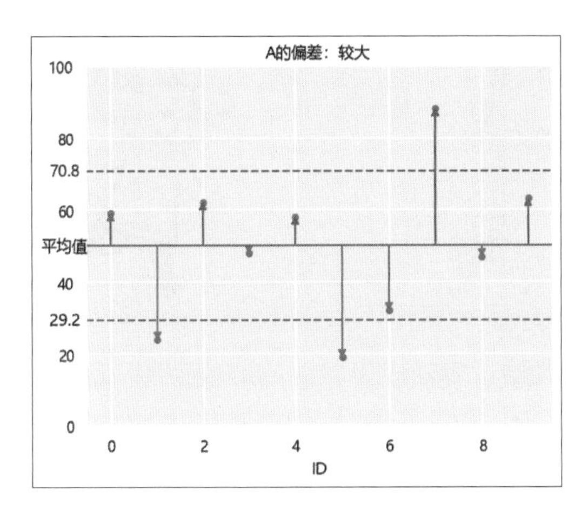

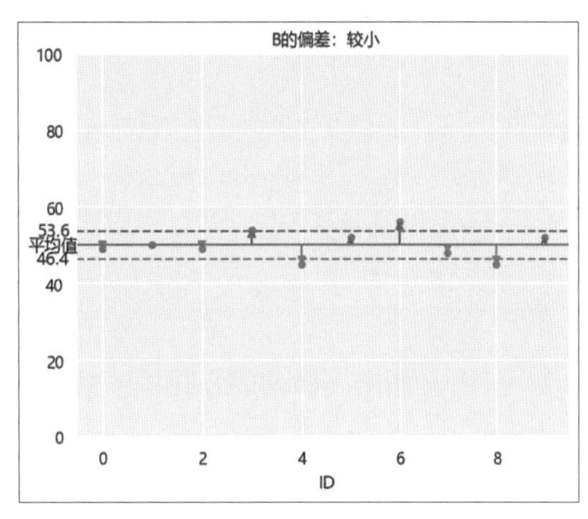

可以数出来，A数据有7个点在范围内，B数据有6个点在范围内。考虑到数据较少带来的误差，它们都和“约68%的数据位于标准差划分的范围内”的结论符合得很好。

此前，我们在散点图上画出了标准差划分的范围界线。那么，在直方图中用标准差划分范围时会怎样？接下来试一试。

先用直方图绘制数据图表。为了方便比较，设定 **ylim=(0,6)**，使两幅图的纵轴一致（见清单 5.7）。

【输入代码】清单 5.7

```
bins=[10,15,20,25,30,35,40,45,50,55,60,65,70,75,80,85,90,95,100]

df["A"].plot.hist(bins=bins, color="c",ylim=(0,6), ylabel="频数")
plt.title("A的偏差：较大")
plt.show()

df["B"].plot.hist(bins=bins, color="c",ylim=(0,6), ylabel="频数")
plt.title("B的偏差：较小")
plt.show()
```

输出结果

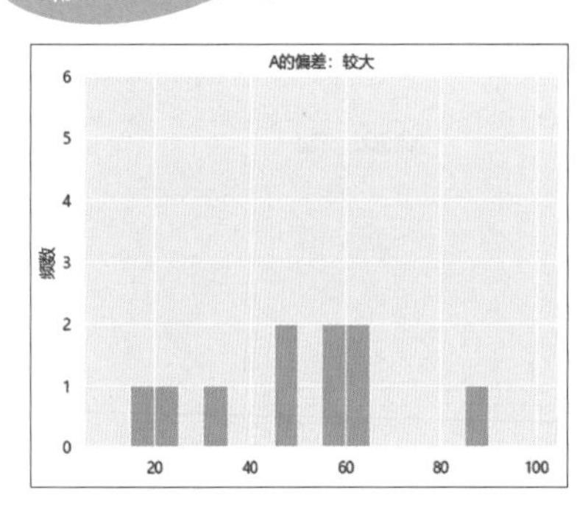

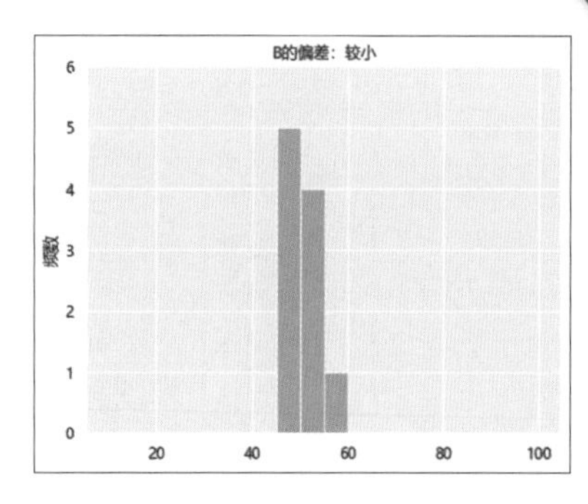

有点像是把刚才的散点图转过来了。

在直方图中，横轴表示区间，纵轴表示频数。横轴代表数据的取值范围，因此，平均值、标准差以及“表示约 68% 的范围”也应该按照横轴的位置标注。

我们取“平均值”“平均值 + 标准差”和“平均值 - 标准差”的位置绘制垂直线，用不同颜色和形状区分，“平均值”用红色实线，“68% 范围”分别用蓝色虚线和品红色虚线（见清单 5.8）。

【输入代码】清单 5.8

```
df["A"].plot.hist(bins=bins, color="c",ylim=(0,6), ylabel="频数")
plt.axvline(x=meanA, color="magenta")
plt.axvline(x=meanA - stdA, color="blue", linestyle="--")
plt.axvline(x=meanA + stdA, color="red", linestyle="--")
plt.title("A 的偏差：较大")
plt.show()

df["B"].plot.hist(bins=bins, color="c",ylim=(0,6), ylabel="频数")
plt.axvline(x=meanB, color="magenta")
plt.axvline(x=meanB - stdB, color="blue", linestyle="--")
plt.axvline(x=meanB + stdB, color="red", linestyle="--")
plt.title("B 的偏差：较小")
plt.show()
```

输出结果

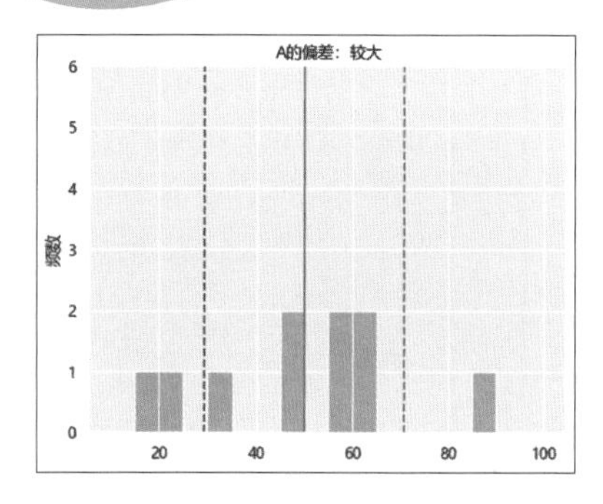

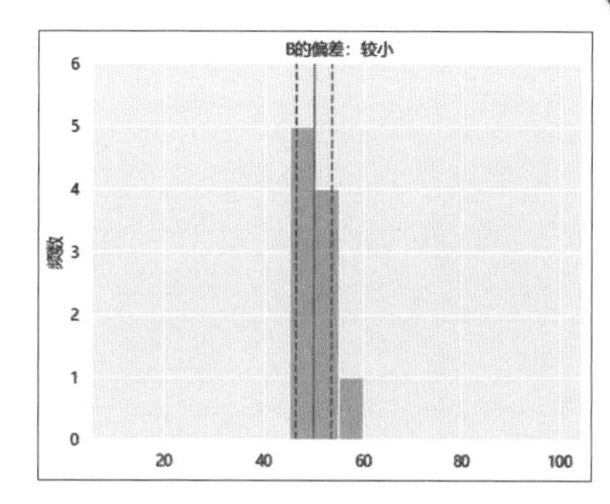

数据量较少，所以会有一些误差，但是也和“约 68% 的数据位于标准差划分的范围内”的结论符合得很好。

博士，平均值和标准差不过是一些数字，为什么能表示这么多含义呢？更何况为什么是 68% 这个有点奇怪的数呢？

秘密就在“正态分布”中。我们在下一课讲解它吧。

自然界中的偏差

正态分布能够方便地描述自然界中事物的偏差规律。

正态分布是一种左右对称的“钟形分布”。

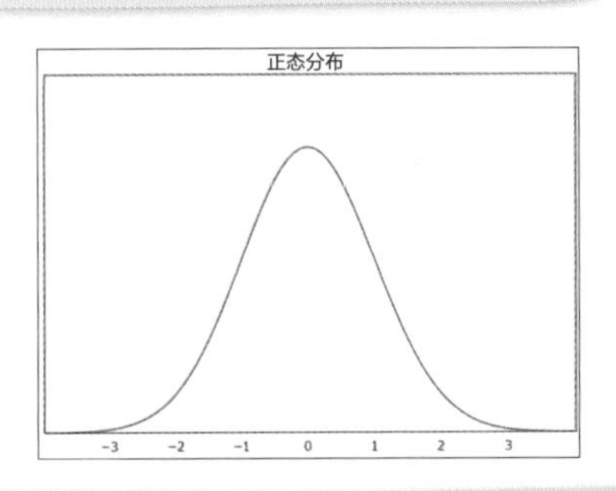

真的好像钟啊。这么可爱，名字却叫“正态分布”，好古板啊。

“正态分布”并不是“正式的分布”。它的英文名称（normal distribution）有“普通、常见的分布”的意思。

这种形状很常见吗？我没见过呢。

用直方图就能看出来。来试试看吧。

哇，真有趣。

正态分布呈现钟形

自然界中的事物大多数遵循正态分布。

例如，橘子树上的橘子，大小不一。它们的质量分布就接近于正态分布。我们不妨用直方图绘制“橘子质量的偏差”。

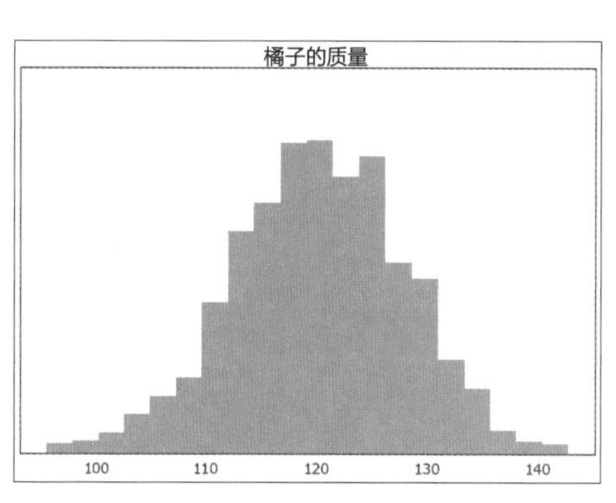

大多数质量相近的橘子都集中在中心位置，特别小和特别大的橘子很少见，这是非常自然的现象。

我们人类也是自然界中的一员。所以人类的某些特征，如身高的分布就接近正态分布。例如，某统计数据给出的 15 岁青少年身高数据的直方图如下。

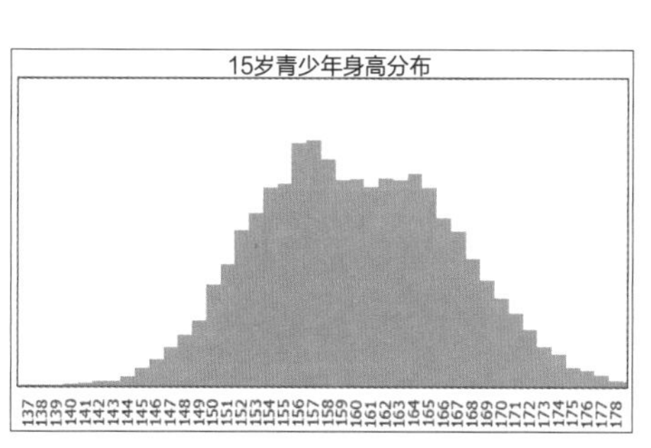

“山顶”的形状有点奇怪，这是由于我们将男性和女性的数据放在一起绘制直方图。分别提取男性数据和女性数据，再来观察图表。

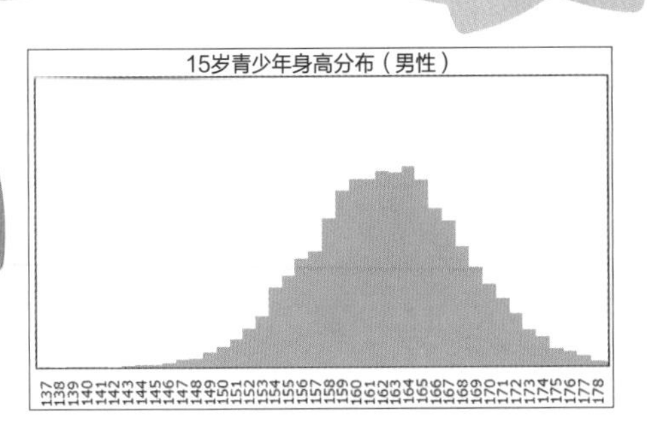

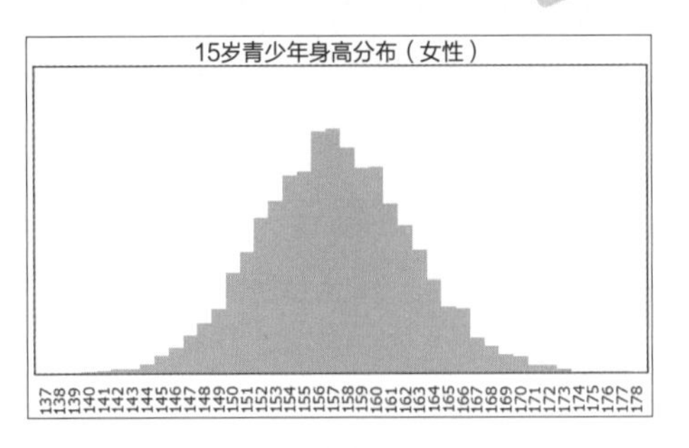

分开之后，各自的分布就更接近正态分布了。

为什么正态分布是自然界中极其常见的分布？

为什么正态分布是自然界中极其常见的分布？

需要注意，并非自然界中的所有事物都遵循正态分布的规律。不过大多数自然界和人类社会中的现象确实接近正态分布，或与之相关。正态分布表示平均值附近的事情经常发生，远离平均值的事情很少发生，这是很容易理解的现象。这一现象的曲线是德国数学家高斯在进行误差分析的研究时发现的，因此也称为“高斯分布”。这个曲线的形状由较为复杂的计算得到。

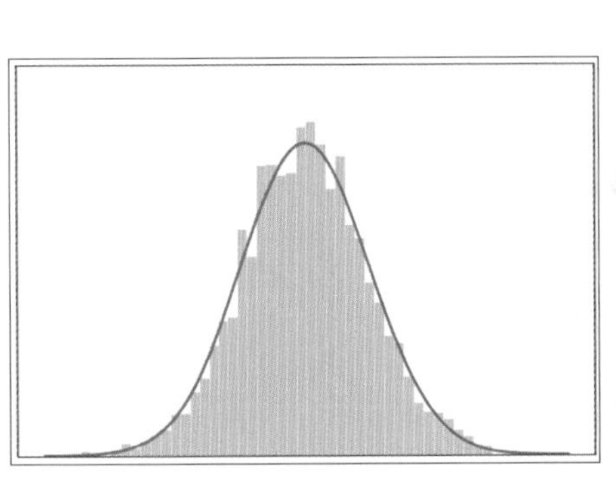

总结一下重点：第一，自然界中的事物经常遵循正态分布；第二，正态分布能够通过计算给出分布曲线。这样，用计算解释自然界的现象就很方便了。这也是统计学上大量使用正态分布的原因。

自然界的这些分布十分相似并不是一个偶然，而是基于一种思想：自然界中的偏差是误差的积累。这方面有一个复杂的定律，称为“中心极限定理”。自然界和人类的一些性质，如橘子的质量、男性和女性的身高等，随着遗传因子的组合和各种环境影响随机发生变化。大量影响因素的涨落，带来的误差积累起来，就形成了橘子质量或人类身高等的偏差分布。这种“误差的积累”在数学中表现为左右对称的钟形正态分布曲线。

“误差的积累”并不仅限于生物。从天上落下的雨滴大小，到工厂生产的饼干质量等，都近似呈现正态分布。

高尔顿板的模拟

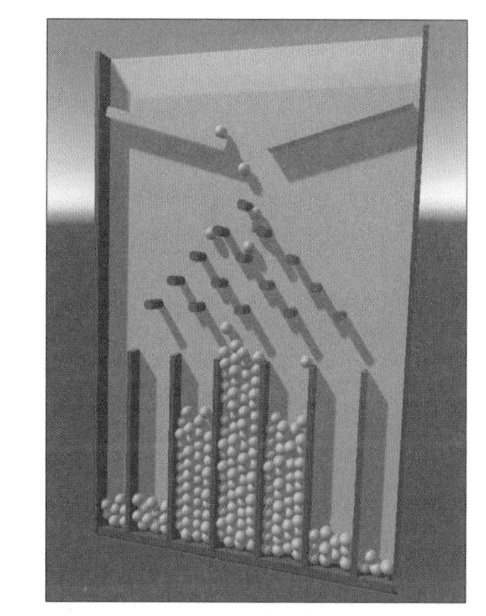

有一种称为“高尔顿板”的玩具。它是一种钉子板，大量小球从上方落下，堆积在下面的小球逐渐接近正态分布。

下落的小球碰到钉子后，以 1/2 的概率随机选择向左或向右，在下落过程中经历多次选择。也就是说，1/2 概率的随机过程不断积累，令小球的分布逐渐接近正态分布。

我们尝试用 Python 模拟高尔顿板的行为（见清单 5.9）。限于篇幅，在此略过程序讲解，但是程序代码中加了很多注释，方便读者理解。相信学习过《Python 一级：从零开始学编程》的读者有能力理解这一段程序。在清单 5.9 的最后，假设有 10000 个小球落在第一层的一颗钉子上，绘制分布直方图。

【输入代码】清单 5.9

```
%matplotlib inline
import random
import pandas as pd
import matplotlib.pyplot as plt
import seaborn as sns
sns.set(font=["Microsoft YaHei","sans-serif"])

# 高尔顿板实验的显示函数：输入层数和小球数量
def galton(steps, count) :
    # 准备一个空列表，用来存放小球掉落位置
    ans = []
    # 按指定的小球数量循环
    for i in range(count):
        # 设最初小球掉落的位置为 50
        val = 50
        # 按指定的层数循环
        for j in range(steps):
            # 根据从 0 和 1 中随机抽取的结果加 1 或减 1
            if random.randint(0, 1) == 0:
                val = val - 1
            else :
                val = val + 1
        # 向列表中添加最终小球掉落的位置
        ans.append(val)

    # 用小球掉落的位置列表创建数据框
    df = pd.DataFrame(ans)
    # 用直方图绘制第 0 列（小球掉落位置）的分布
    df[0].plot.hist()
    plt.title(f"(steps) 层：{count} 个小球 ")
    plt.ylabel("")
    plt.show()

galton(1, 10000)
```

输出结果

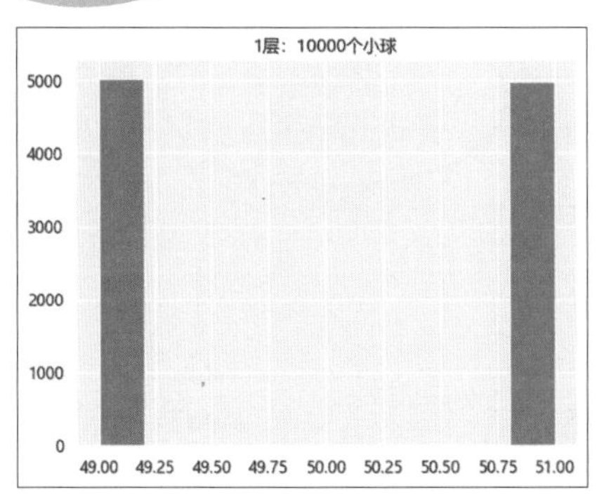

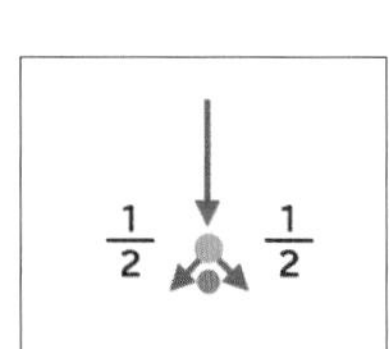

小球从“50”位置掉落到第一层的一颗钉子上时，只能左右分开，在“49”位置和“51”位置各掉落大约 5000 个。接下来，让 10000 个小球掉落在第二层的三颗钉子上。我们已经写好了高尔顿板的模拟函数，只要修改参数，即可用一行代码执行（见清单 5.10）。

【输入代码】清单 5.10

```
galton(2, 10000)
```

输出结果

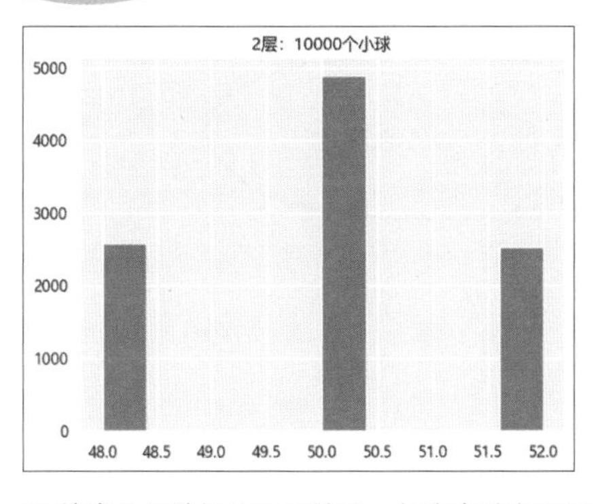

※ 输出的是随机执行的结果，每次会稍有不同。

小球经过两层的三颗钉子后，分布在“48”“50”和“52”三个位置。“48”和“52”位置各有约 2500 个，中间的“50”位置约有 5000 个。

进一步增加层数，如 6 层和 10 层（见清单 5.11）。

【输入代码】清单 5.11

```
galton(6, 10000)
galton(10, 10000)
```

越来越接近正态分布了。

输出结果

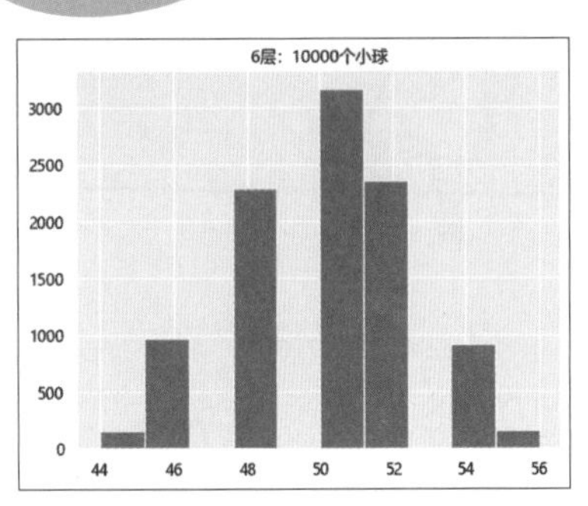

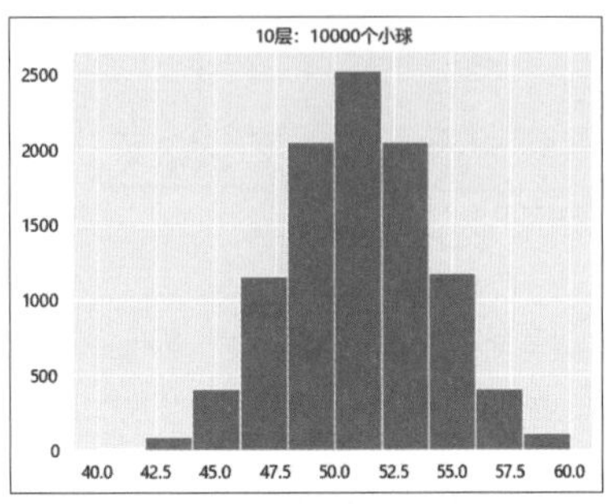

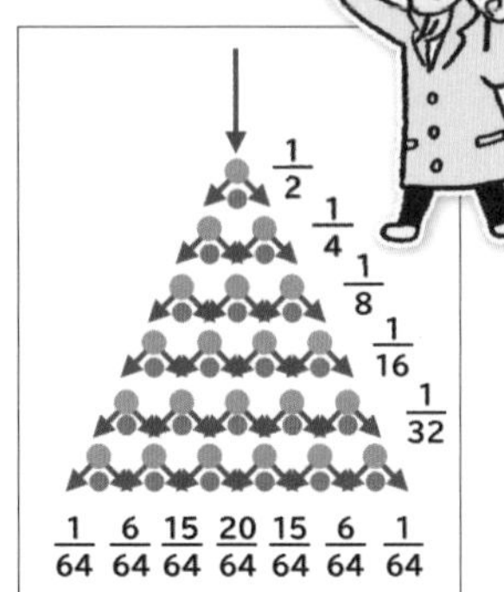

到第 10 层时，小球分布已经比较接近正态分布了。随着层数增加，“误差不断积累”，逐渐接近正态分布。

顺便，让我们把小球的数量从 10000 个减少到 10 个（见清单 5.12）。

【输入代码】清单 5.12

```
galton(10, 10)
```

输出结果

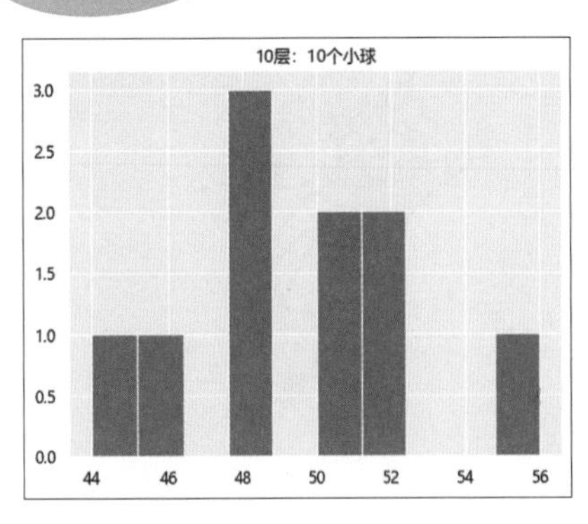

即使钉子有 10 层，但数据只有 10 个，难以形成明显的正态分布。因此，“数据量足够大”也是一个重要因素。

正态分布能够通过计算求解

我们来看正态分布“能够通过计算求解”的这一性质。

只要知道平均值，就能知道正态分布的左右位置。比如，当平均值为 -2、0 和 2 时，正态分布的曲线在坐标轴上左右移动，如下图所示。

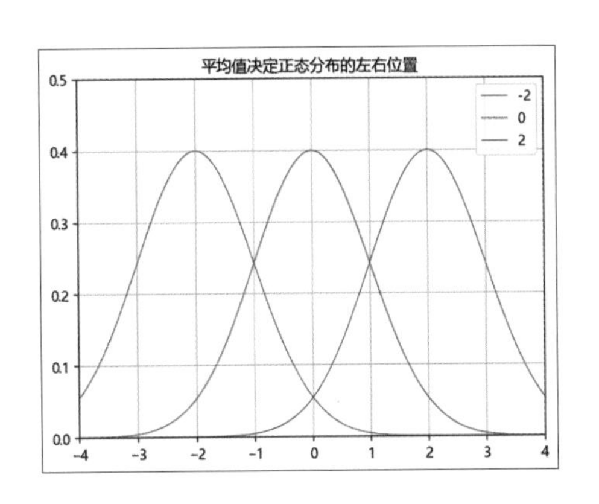

是作为一个整体移动的。

只要知道标准差，就能知道正态分布曲线的特征。标准差越小，正态分布曲线越尖锐；标准差越大，正态分布曲线越平缓。比如，当标准差为 0.5、1 和 2 时，正态分布曲线特征的变化如下图所示。

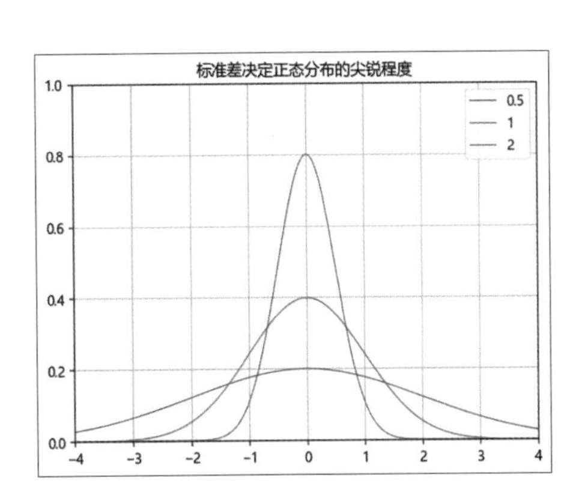

平均值和标准差共同决定正态分布的形状。

总之，只要知道平均值和标准差，就能确定正态分布曲线的形状。例如，某班学生的身高平均值为 166.8cm，标准差为 5.8cm，我们就知道正态分布曲线的形状了。

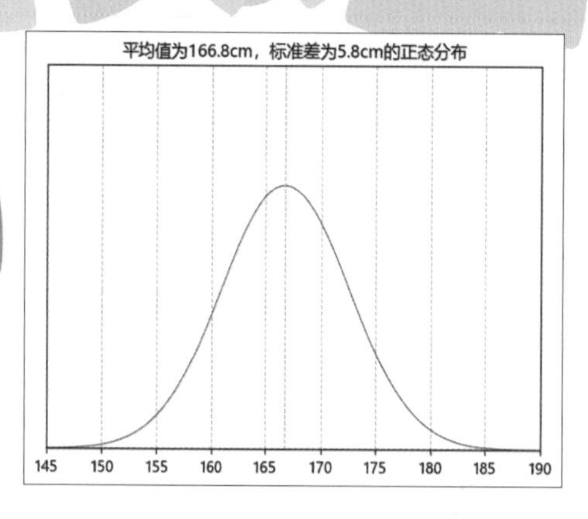

能够通过计算得到曲线形状，意味着也能够通过计算求出曲线包围的某个范围的面积。例如，我们能算出“从中间（平均值）到前后标准差之间的范围”的面积。在直方图中，面积表示数据量，所以“面积的占比”就是“数据的占比”。之前反复强调的“整体数据的约68%集中在中间(平均值)到前后标准差之间的范围”说的就是这个含义。

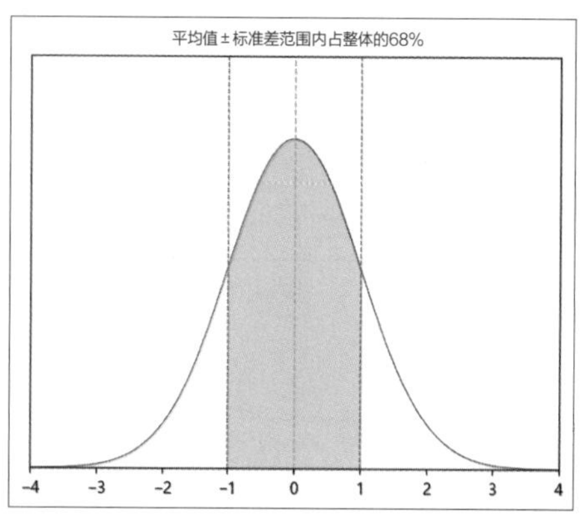

我们还能算出 2 倍标准差和 3 倍标准差等范围的面积。

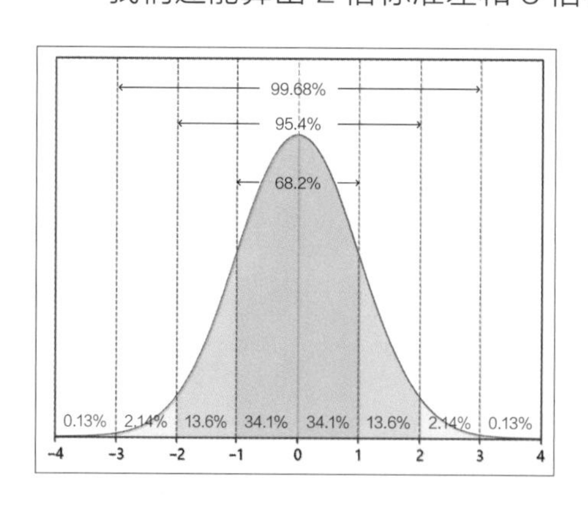

知道了各种范围的占比，也就能够知道各种组合的占比。例如，“平均值 ±标准差范围”占比约 68.2%，“平均值 ±2 倍标准差范围”占比约 95.4%，“平均值 ±3 倍标准差范围”占比约 99.68%。

不仅如此，还能得到“某个值左侧的占比”和“某个值右侧的占比”。例如，“平均值 +2 倍标准差左侧”的占比约为 50%+34.1%+13.6%=97.7%。

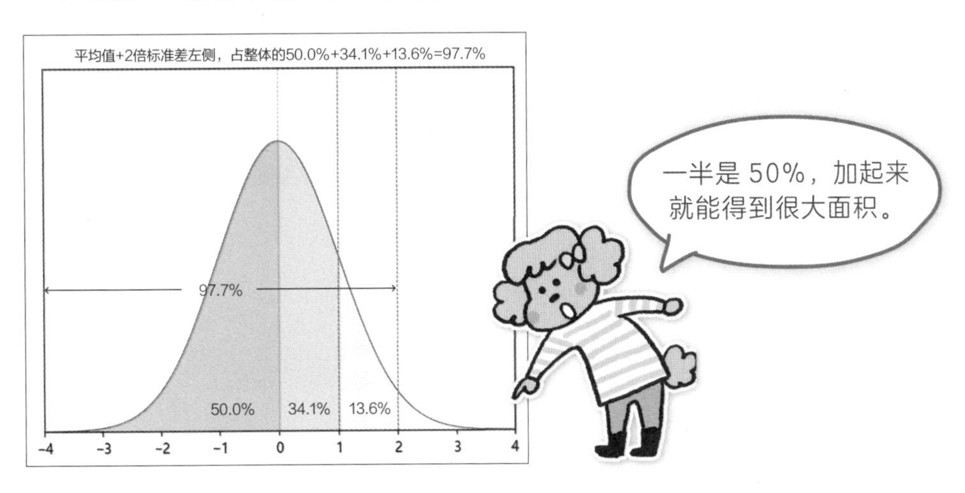

相应地，“平均值 +2 倍标准差右侧”的占比约为 100%−97.7%=2.3%。这样算的好处是不用依次计算 3 倍标准差、4 倍标准差等更多范围内的微小面积。

知道了“某个值左侧或右侧的占比”，也就知道了整个数据中最大的一些值和最小的一些值的占比。例如，如果知道某人身高位于全国身高的平均值 +2 倍标准差范围右侧，也就知道了他是在人群中占比仅为 2.3% 的罕见的高个子。

找到某个值位于正态分布的位置，也就知道了这个值是常见还是罕见的。

第18课

判断常见或罕见

本节课介绍借助“累积分布函数”，判断某个数值是常见还是罕见。

我已经明白正态分布很方便了，可是假如我想知道的不是“标准差”或者“2倍标准差”，而是更明确的数值呢？

经过复杂的计算能够得到你想要的数值，不过我们还是用现成的库吧。使用统计库scipy.stats中与正态分布相关的norm库就可以获得数值。

太好了！有了库就方便多了。

使用 scipy.stats 库中的正态分布专用函数可以避免复杂运算，轻松获得想要的数值。

例如，使用 **norm.cdf** 函数（正态分布的累积分布函数），以目标值、平均值和标准差作为参数，可以求出“某个值以下的范围占整体的比例”。

使用“**norm.cdf(x=< 目标值 >, loc=< 平均值 >, scale=< 标准差 >)**”，可以返回目标值以下范围占整体的比例，结果在 0 ~ 1。

数据分析的命令：求某个值以下范围占整体的比例

- 需要的库：**scipy.stats**
- 命令

```
cdf = norm.cdf(x=< 目标值 >, loc=< 平均值 >, scale=< 标准差 >)
```

- 输出：该值以下的范围占整体的比例

例如，假设某班学生的身高遵循“平均值为 166.8cm，标准差为 5.8cm”的正态分布，求 160.0cm 以下的人数占整体的比例（见清单 5.13）。

【输入代码】清单 5.13

```
from scipy.stats import norm

mean = 166.8
std = 5.8
value = 160.0

cdf = norm.cdf(x=value, loc=mean, scale=std)
print(f"{value} 以下的比例为 {cdf*100}%")
```

输出结果

```
160.0 以下的比例为 12.051548220947089%
```

结果表明，160.0cm 以下的人占总数的约 12.05%。

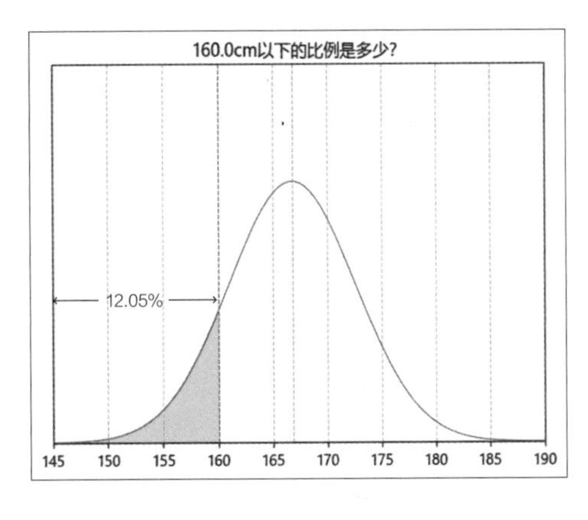

反过来，求“某个值以上的范围占整体的比例”时，只需要用 1（100%）减去 **norm.cdf** 的值即可。

例如，仍然假设某班学生的身高遵循“平均值为 166.8cm，标准差为 5.8cm”的正态分布，求 178.0cm 以上的人数占整体的比例（见清单 5.14）。

【输入代码】清单 5.14

```
mean = 166.8
std = 5.8
value = 178.0

cdf = norm.cdf(x=value, loc=mean, scale=std)
print(f"{value} 以上的比例为 {(1-cdf)*100}%")
```

输出结果

```
178.0 以上的比例为 2.6739394108996173%
```

结果表明，178.0cm 以上的人占总数的约 2.67%。

这个班里 178.0cm
以上的人占总数的约
2.67%，真的好高。

178.0cm以上的比例是多少？

2.67%

145 150 155 160 165 170 175 180 185 190

另一方面，使用 **norm.ppf**（正态分布的百分比函数），可以求出“多少以下的范围占整体的比例为给定的数”。同样也需要以目标值、平均值和标准差作为参数。

使用“`norm.ppf(q=<目标值>, loc=<平均值>, scale=<标准差>)`”，返回占整体的比例为目标值的最大范围。

数据分析的命令：求占整体的比例为目标值的最大范围

- 需要的库：**scipy.stats**
- 命令

```
ppf = norm.ppf(q=<目标值>, loc=<平均值>, scale=<标准差>)
```

- 输出：占整体的比例为目标值的最大范围

例如，仍然假设某班学生的身高遵循“平均值为 166.8cm，标准差为 5.8cm”的正态分布，求后 20.0% 的范围是多少（见清单 5.15）。

【输入代码】清单 5.15

```
mean = 166.8
std = 5.8
per = 0.20

ppf = norm.ppf(q=per, loc=mean, scale=std)
print(f"后{per*100}%的范围是{ppf}。")
```

输出结果

```
后20.0%的范围是161.9185968452771。
```

结果表明，后 20% 的身高范围达到约 161.9cm。

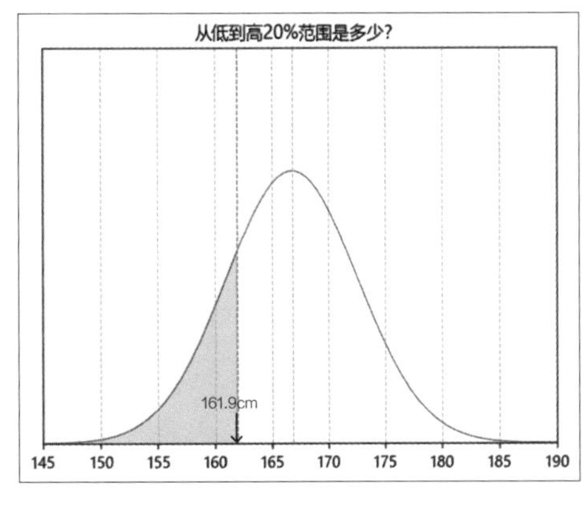

这个班级
后 20% 的身高是
约 161.9cm 啊。

反过来，求“多少以上的范围占整体的比例为给定的数”，只需要用 1 减去给定的百分比，作为参数代入 **norm.ppf** 函数即可。

例如，仍然假设某班学生的身高遵循“平均值为 166.8cm，标准差为 5.8cm”的正态分布，求前 1.0% 的范围是多少（见清单 5.16）。

【输入代码】清单 5.16

```
mean = 166.8
std = 5.8
per = 0.01

ppf = norm.ppf(q=(1-per), loc=mean, scale=std)
print(f"前 {per*100}% 的范围是 {ppf}。")
```

输出结果

```
前 1.0% 的范围是 180.2928176694369。
```

结果表明，前 1% 的身高范围是约 180.3cm。

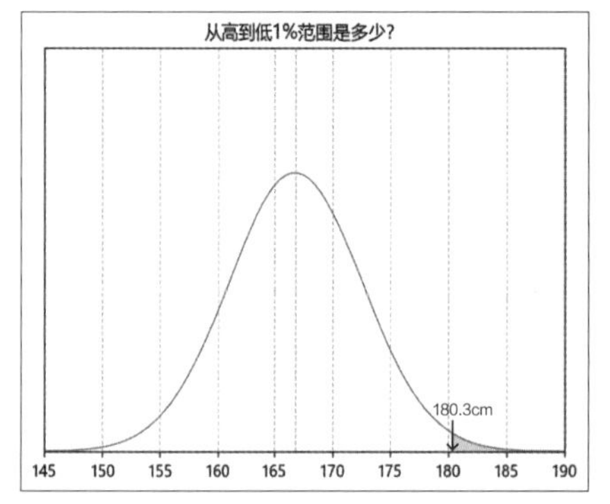

 比较偏差不同的数据

使用 **norm.cdf** 函数可以看出偏差不同的数据中，哪个数据更罕见。

例如，某位同学某次考试的成绩为数学 60 分，英语 80 分。如何评估“相对于平均水平，哪一科考得好一些”呢？设数学成绩的平均值是 50 分，标准差是 5 分；英语成绩的平均值是 70 分，标准差是 8 分。

	数　学	英　语
成　绩	60	80
平均值	50	70
标准差	5	8

单从成绩的数字上看，应该是英语好一些。但是两科的平均分和标准差不一样，有可能大家的数学成绩普遍不高。这时就要通过计算每一科的成绩在总成绩里的占比，从而得出哪一科考得较好的结论（见清单 5.17）。

【输入代码】清单 5.17

```
from scipy.stats import norm

scoreM=60
meanM = 50
stdM = 5

scoreE=80
meanE = 70
stdE = 8

cdf = norm.cdf(x=scoreM, loc=meanM, scale=stdM)
print(f" 数学成绩 {scoreM} 分，达到前 {(1-cdf)*100}%。")

cdf = norm.cdf(x=scoreE, loc=meanE, scale=stdE)
print(f" 英语成绩 {scoreE} 分，达到前 {(1-cdf)*100}%。")
```

输出结果

```
数学成绩 60 分，达到前 2.275013194817921%。
英语成绩 80 分，达到前 10.564977366685536%。
```

结果表明，英语成绩虽然是 80 分，但只排到了约前 10.6%。数学成绩虽然是 60 分，但排到了约前 2.3%。数学成绩更加突出，从这个角度可以说数学考得比英语好一些。此外，用正态分布曲线表示就更加清楚了。

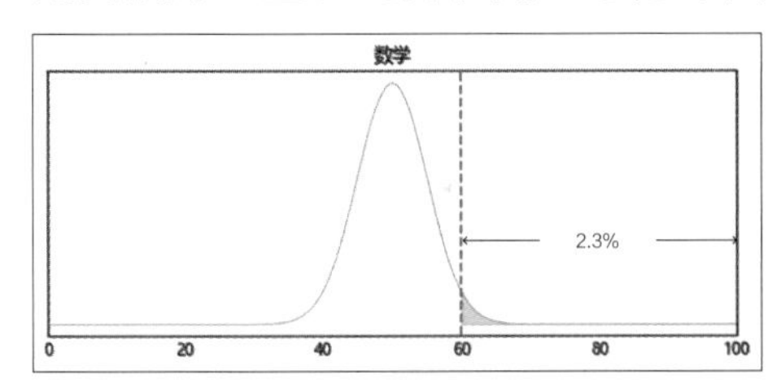

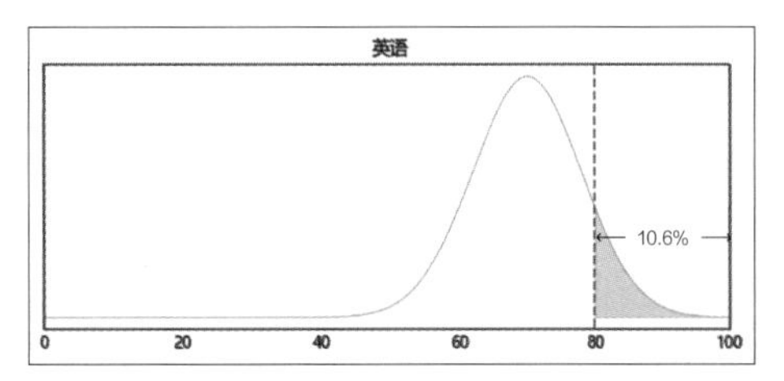

综上所述，用正态分布可以比较“偏差不同的数据中，哪个更加罕见”。

第19课 这份数据的偏差自然吗？

本节课介绍将数据与正态分布比较，确认偏差是否自然。

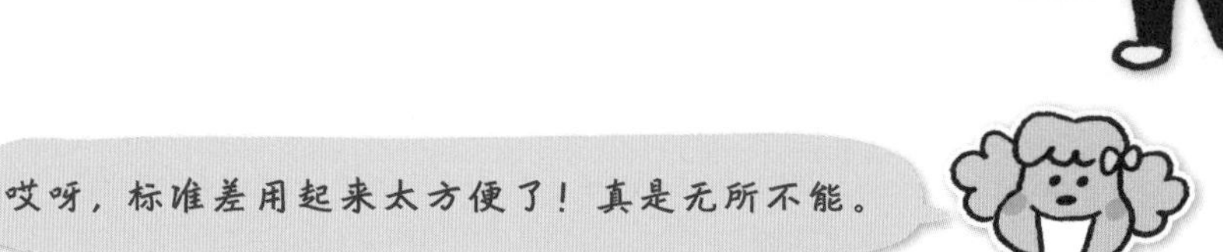

哎呀，标准差用起来太方便了！真是无所不能。

但是使用这个概念是有前提的，那就是数据需要符合正态分布。

对哦，如果形状不一样，就不能用了。

手边获得的数据，要么不符合正态分布，要么数据太少，无法体现正态分布。

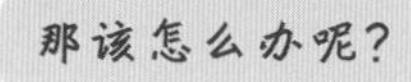

那该怎么办呢？

有很多办法，我们还是从直方图入手。

之前用pandas库和matplotlib库提供的命令“<数据框>**.plot.hist(bins=bins)**”绘制直方图。而seaborn库的命令“**sns.distplot(**<数据框>**)**”有更加方便的功能，可以重叠绘制“如果数据更多会如何”的预测曲线（密度估计曲线）。甚至，添加**fit=norm**参数，还可以拟合出“如果数据符合正态分布，会呈现什么曲线”，并重叠绘制曲线。

数据分析的命令：绘制列数据的直方图（含正态分布和预测曲线）

- 需要的库：**pandas**、**matplotlib**、**seaborn**、**scipy.stats**
- 命令

```
sns.distplot(df["列名"], fit=norm, fit_kws={"color":"<颜色>"})
plt.show()
```

- 输出：列数据的直方图

我们通过几个示例解释这个命令的用法。先用 NumPy 库自动生成数据，使用"**random.randint("<最小值>","<最大值>","<个数>")**"命令生成在给定的最小值到最大值范围内均匀分布的随机数；使用"**random.normal("<平均值>","<标准差>","<个数>")**"命令生成遵循正态分布的随机数。然后，利用这两个函数自动生成数据并进行比较。为便于观察，设拟合出的正态分布曲线为红色（见清单 5.18）。

【输入程序】清单 5.18

```
%matplotlib inline
import pandas as pd
import matplotlib.pyplot as plt
import seaborn as sns
import numpy as np
from scipy.stats import norm
sns.set(font=["Microsoft YaHei","sans-serif"])

df = pd.DataFrame({"A" : np.random.randint(0, 100, 15),
                   "B" : np.random.normal (50, 10, 15)})

sns.distplot(df["A"], fit=norm, fit_kws={"color":"red"})
plt.title("符合均匀分布的随机数")
plt.show()

sns.distplot(df["B"], fit=norm, fit_kws={"color":"red"})
plt.title("符合正态分布的随机数")
plt.show()
```

输出结果

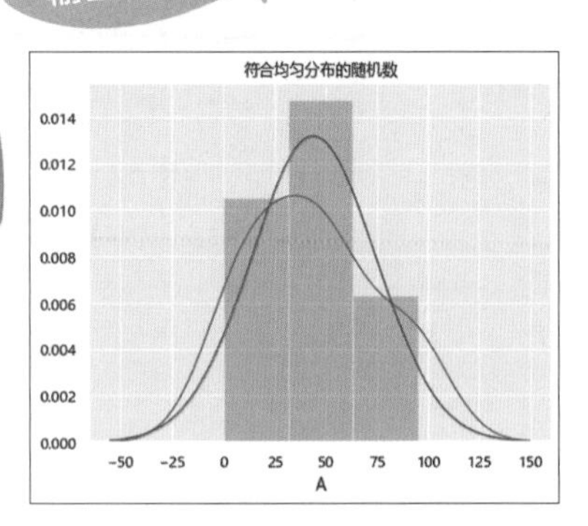

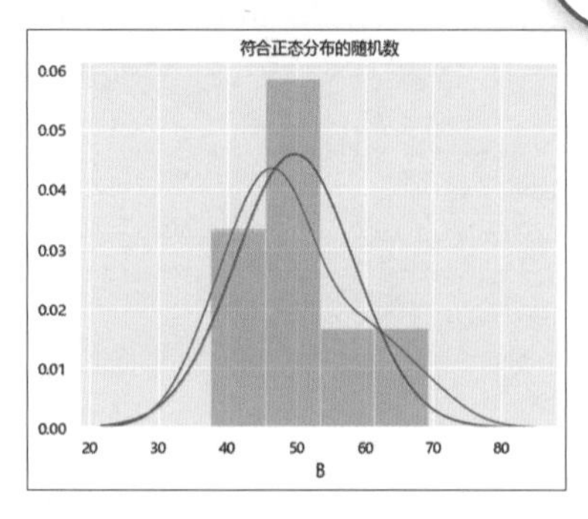

形状不明显，看来 15 个数据太少了，我们将数据增加到 1500 个试一试（见清单 5.19）。

【输入代码】清单 5.19

```
df = pd.DataFrame({"A" : np.random.randint(0, 100, 1500),
                   "B" : np.random.normal(50, 10, 1500)})

sns.distplot(df["A"], fit=norm, fit_kws={"color":"red"})
plt.title("符合均匀分布的随机数")
plt.show()

sns.distplot(df["B"], fit=norm, fit_kws={"color":"red"})
plt.title("符合正态分布的随机数")
plt.show()
```

输出结果

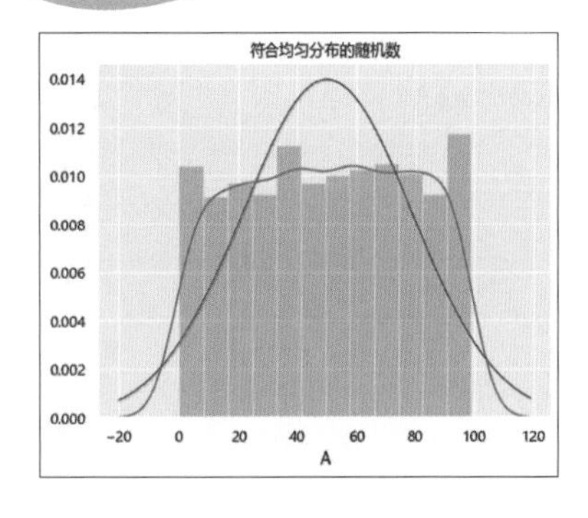

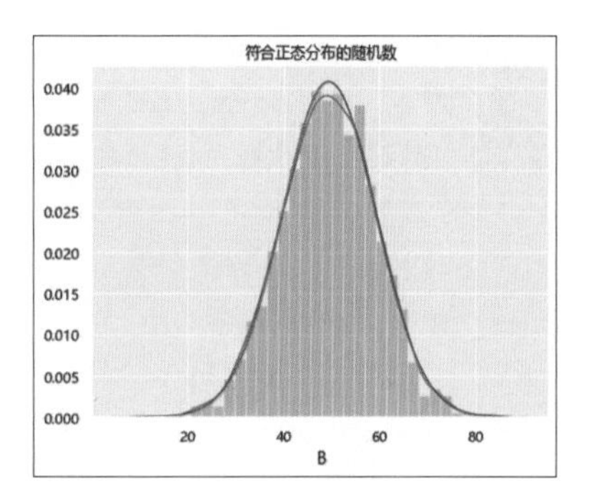

数据多了，形状也清晰起来。数据 A 与正态分布相去甚远，而数据 B 非常接近正态分布。当然，一定不要忘了正态分布只是一种理想情况下的分布，与真实数据会有出入。

新版 seaborn 库提供的用法

新版 seaborn 库把 **distplot()** 函数标记为“过时”（deprecated），在执行清单 5.18 和清单 5.19 的代码时会收到警告，提示该函数在未来可能会被删除。seaborn 库提供了 **displot()** 函数作为替代（注意少一个“t”）。这个函数提供更丰富的直方图绘制功能，但暂时缺少正态分布曲线拟合功能，需要手动绘制正态分布曲线。借用清单 5.19 的数据框 **df**，样例代码如下。

```
# 用数据的最大值和最小值设定曲线的范围
minA, maxA = min(df["A"]), max(df["A"])
# 拟合出正态分布的平均值和标准差
meanA, stdA = norm.fit(df["A"])
# 准备正态分布曲线的横纵坐标的数据
xA = np.linspace(minA, maxA, len(df["A"]))
yA = norm.pdf(xA, meanA, stdA)

# 用 displot 函数绘制直方图
# 设定 kde=True 绘制密度估计曲线
sns.displot(df["A"], kde=True, stat="density")
plt.plot(xA, yA, 'r')
plt.show()
# df["B"] 的画法类似，不再赘述
```

第20课

统一比较不同偏差的数据

“偏差值”和“智商（IQ）值”是正态分布的两个应用例子，本节课一起来看看它们的含义。

使用刚才介绍的norm.cdf函数，即使是偏差不同的数据，也能比较哪个成绩更好。但实际生活中人们会用更直观的方法。

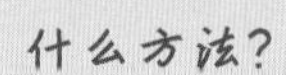

偏差值。

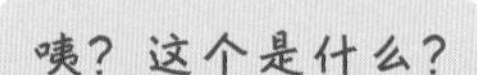

之前数学和英语成绩的例子是不同形状的正态分布，比较时要分别计算。如果能让它们的正态分布形状一致，就能马上比较了。

说得对啊。

“偏差值”就是一种方法，将所有要比较的数据统一为平均值为50、标准差为10的正态分布，这样就能够方便地进行比较了。

原来是这样，形状相同就能直接比较了。

偏差值：平均值为 50 的正态分布

Python 的库能让我们求出某个值在整体中的占比。实际生活中，人们往往会把这些值直接换算成遵循特定正态分布的参数。

其中，“偏差值”（英文名为 T-score）是一个使用较为广泛的参数，用于考试、升学等场合。偏差值遵循平均值为 50、标准差为 10 的正态分布。人们有时会把这个分布中各个值对应的占比制成表格，在不能方便计算的时候通过查表知道结果。比如，当知道某科成绩的平均值和标准差时，只要按照“(自己的分数 - 平均分)÷ 标准差 ×10+50”，就能将成绩换算到偏差值上，从而查表得到自己的成绩位于前百分之多少。

当然，借助 scipy 等 Python 库，可以直接用 **norm.cdf** 计算结果，因为“偏差值”说到底就是遵循“平均值为 50、标准差为 10”的正态分布的参数。

比如，我们来看偏差值 60、70、80 分别对应前百分之多少（见清单 5.20）。

【输入代码】清单 5.20

```
from scipy.stats import norm

scorelist = [60, 70, 80]
for score in scorelist:
    cdf = norm.cdf(x=score, loc=50, scale=10)
    print(f"偏差值 {score} 位于前 {(1-cdf)*100}%")
```

输出结果

```
偏差值 60 位于前 15.865525393145708%
偏差值 70 位于前 2.275013194817921%
偏差值 80 位于前 0.13498980316301035%
```

反过来，可以用 **norm.ppf** 查看给定百分比范围对应的偏差值。

我们来求一下前 15.86%、前 2.275% 和前 0.134% 分别对应的偏差值（见清单 5.21）。

【输入代码】清单 5.21

```
perlist = [0.1586, 0.02275, 0.00134]
for per in perlist:
    ppf = norm.ppf(q=(1-per), loc=50, scale=10)
    print(f"前{per*100}%范围至少需要偏差值达到{ppf}")
```

输出结果

```
前15.86%范围至少需要偏差值达到60.002283757327085
前2.275%范围至少需要偏差值达到70.00002443899604
前0.134%范围至少需要偏差值达到80.02240904267309
```

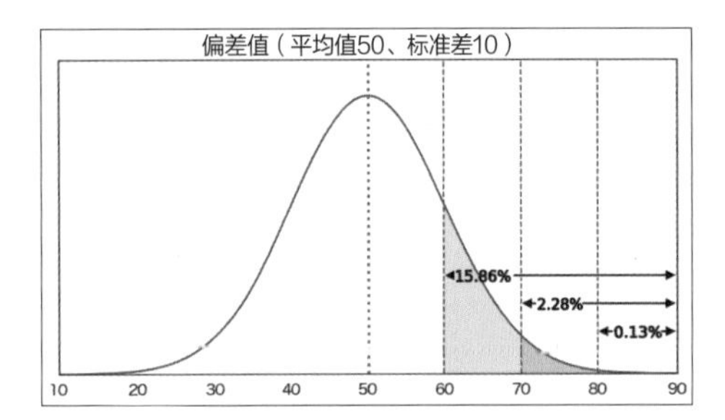

IQ：平均值为 100 的正态分布

IQ（intelligence quotient，智商）是用来评价人们智力水平的一种参数，通常由特别设计的问卷测出。大多数 IQ 测试设计为遵循“平均值为 100、标准差为 15”的正态分布。那么，知道了自己的 IQ 值，就知道自己在整体中处于什么位置。

作为遵循正态分布的参数，IQ 当然也可以用 **norm.cdf** 函数查看。

我们尝试查看 IQ 值为 110、130 和 148 分别对应前百分之多少的人数（见清单 5.22）。

【输入代码】清单 5.22

```
from scipy.stats import norm

std = 15
IQlist = [110, 130, 148]
for IQ in IQlist:
    cdf = norm.cdf(IQ, loc=100, scale=std)
    print(f"IQ 值 {IQ} 位于前 {(1-cdf)*100}%")
```

输出结果

```
IQ 值 110 位于前 25.24925375469229%
IQ 值 130 位于前 2.275013194817921%
IQ 值 148 位于前 0.06871379379158604%
```

擅长解谜的人IQ 应该都是很高的。

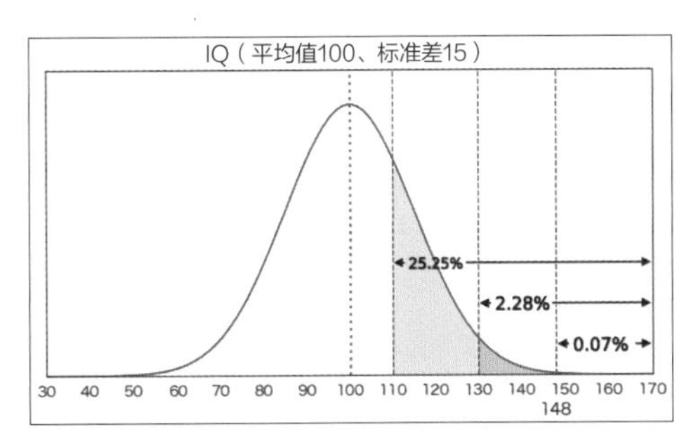

除了最常用的标准差为 15 的 IQ 测试，还有少部分 IQ 测试的标准差设为 24。我们在标准差为 24 的条件下，再来看 IQ 值为 110、130 和 148 分别对应前百分之多少的人数（见清单 5.23）。

【输入代码】清单 5.23

```
std = 24
IQlist = [110, 130, 148]
for IQ in IQlist:
    cdf = norm.cdf(IQ, loc=100, scale=std)
    print(f"IQ 值 {IQ} 位于前 {(1-cdf)*100}%")
```

输出结果

```
IQ 值 110 位于前 33.84611195106897%
IQ 值 130 位于前 10.564977366685536%
IQ 值 148 位于前 2.275013194817921%
```

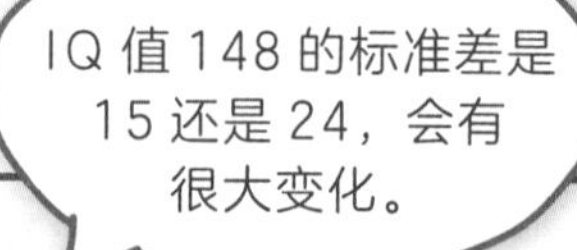

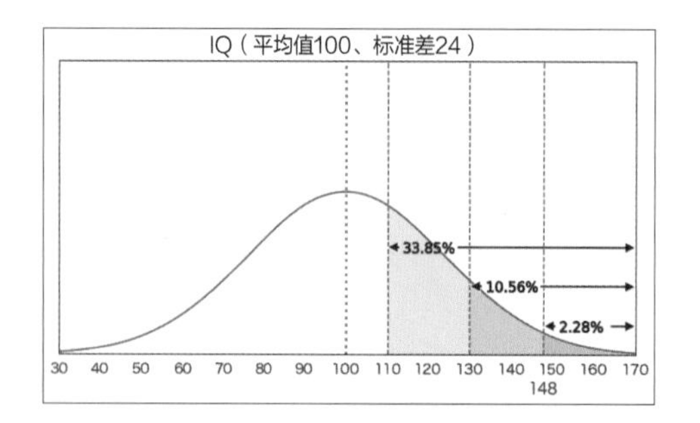

结果表明，不同标准差的 IQ 值测试得出的罕见程度大不相同。IQ 值同样是 148，在标准差为 24 时相当于前 2.28% 的人群，比例不低；但在标准差为 15 时相当于前 0.07% 的人群，差距就这样体现出来了。

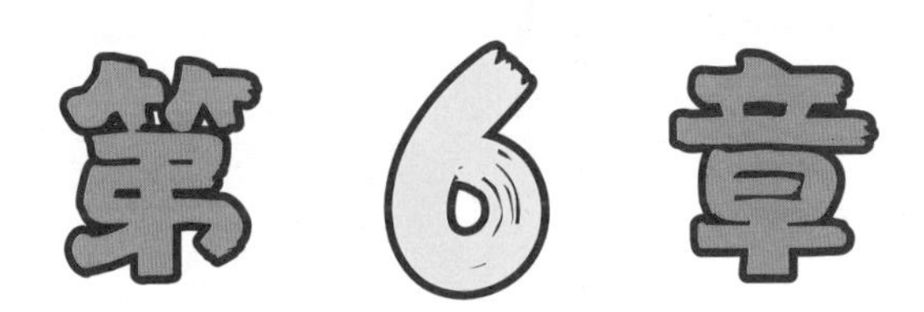

根据关系预测：回归分析

博士！快来看！
怎么啦？

气温高的时候，
“星蟹”产出的“星粒”较重。
气温
“星粒”较重
“星粒”较轻
气温低时，
“星粒”就比较轻。

是吧？但是不看所有数据
还是不敢确定。
嗯，对呀。

我想知道气温和“星粒”
质量的关系。

你说到点子上了，我们可以
根据数据关系进行预测，
这就叫“回归分析”。
原来如此！

那我们快看看吧！
怎么又变成
名侦探风了？
我一定会
解开这个
谜团！

引 言

相关系数

强的正相关性

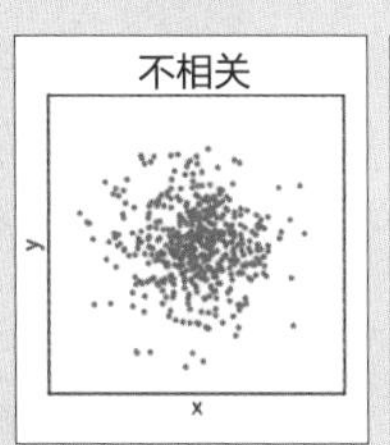

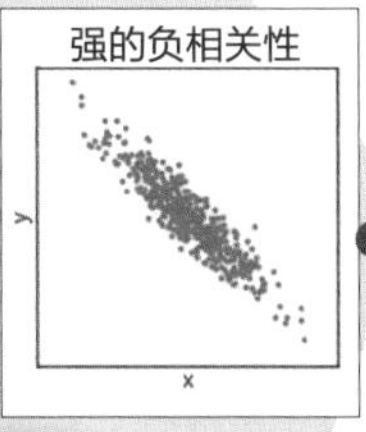

都是我
没听过的词呀。

回归分析

相关系数矩阵

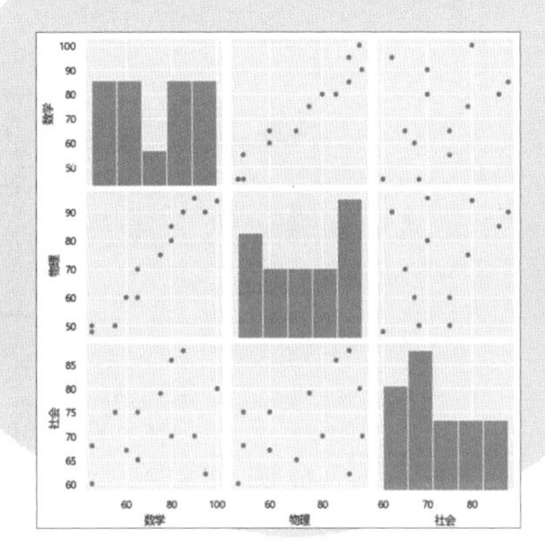

虽然看起来复杂，
按部就班地认识它们
就能理解了。

第21课

两种数据的相关性：相关系数

本节课我们来看一看两种数据的相关性。

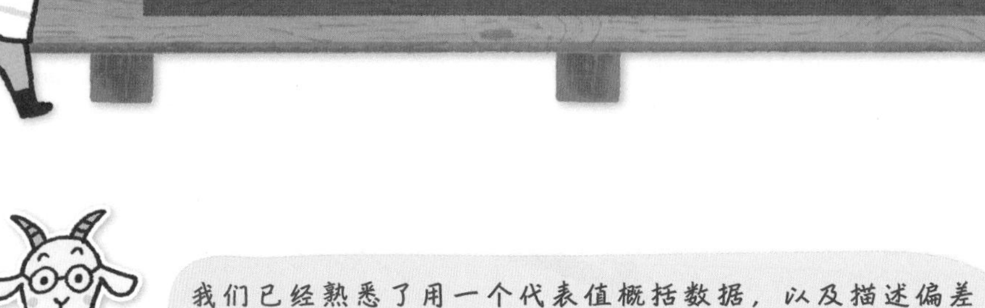

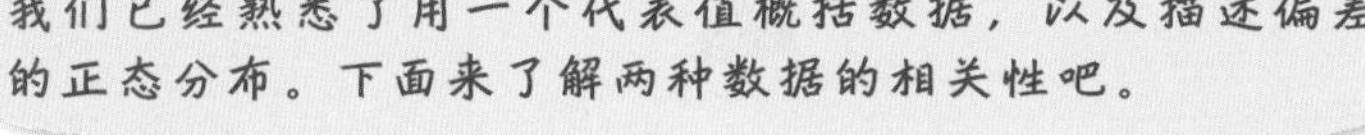

我们已经熟悉了用一个代表值概括数据，以及描述偏差的正态分布。下面来了解两种数据的相关性吧。

相关性？

当一个值变大时，另一个值也跟着变大，这时你会不会觉得二者之间有某种联系？

嗯。

第一个数据变为某个值时，我们可以预测第二个数据变成什么值，也就是根据数据关系进行预测。

哦……从数据关系中还能得出这样的结论呢。

散点图

迄今为止，我们学习了如何用一个代表值概括一组数据，以及数据偏差的分布。

对于多组数据，我们之前采取“分离和比较”的分析手段，现在我们将专注于分析它们“是否相关联”。

分析两组数据的关系时，经常会使用散点图。通过将想要观察的数据分配到横轴和纵轴上，可以知道“两种数据究竟有什么关联”。

我们还是通过例子来理解。假设我们有一份数学、物理和社会课程的成绩数据。数学成绩和物理成绩似乎有某种关联，但数学成绩和社会成绩是否有关联尚不清楚。数据如下（见清单 6.1）。

【输入代码】清单 6.1

```
%matplotlib inline
import pandas as pd
import matplotlib.pyplot as plt
import seaborn as sns
sns.set(font=["Microsoft YaHei", "sans-serif"])

data = {"数学" : [100, 85, 90, 95, 80, 80, 75, 65, 65, 60, 55, 45, 45],
        "物理" : [94, 90, 95, 90, 85, 80, 75, 70, 60, 60, 50, 50, 48],
        "社会" : [80, 88, 70, 62, 86, 70, 79, 65, 75, 67, 75, 68, 60]}
df = pd.DataFrame(data)
df.head()
```

输出结果

	数学	物理	社会
0	100	94	80
1	85	90	88
2	90	95	70
3	95	90	62
4	80	85	86

使用“**<数据框>.plot.scatter(x="<横轴的列名>", y="<纵轴的列名>", c="<颜色>")**”命令根据数据绘制散点图。分别绘制数学和物理、数学和社会成绩的散点图（见清单 6.2）。

【输入代码】清单 6.2

```
df.plot.scatter(x=" 数学 ", y=" 物理 ", c="b")
plt.title(" 数学和物理成绩的相关性 ")
plt.show()

df.plot.scatter(x=" 数学 ", y=" 社会 ", c="b")
plt.title(" 数学和社会成绩的相关性 ")
plt.show()
```

输出结果

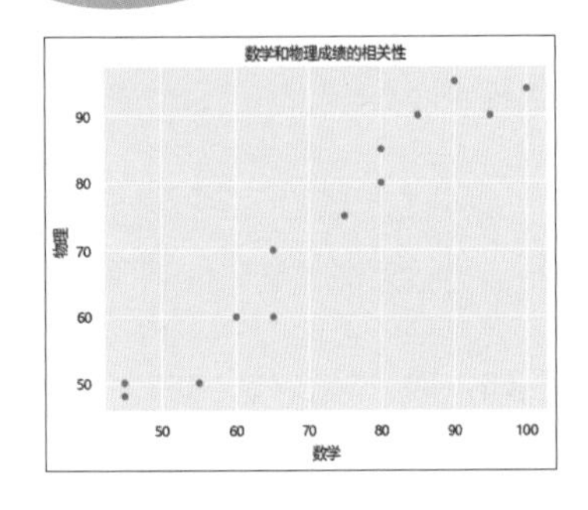

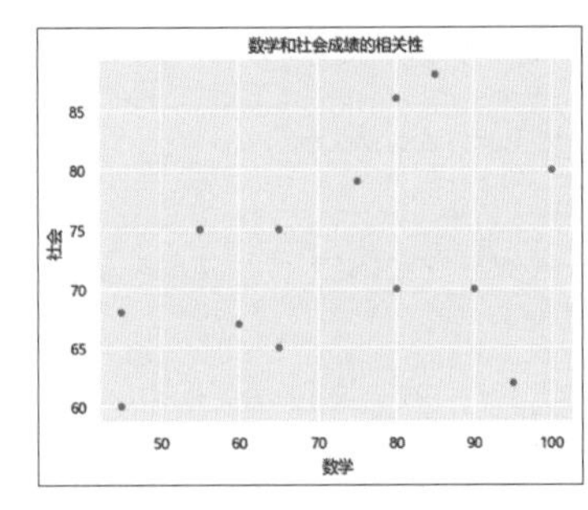

结果表明，“数学成绩越高，物理成绩也越高”，数学成绩和物理成绩应该有关联。而“数学成绩越高，社会成绩不一定越高”，数学成绩和社会成绩似乎没有关联。

上述散点图通过“点的聚集程度”表现出数据相关性的强弱。由图可知，点越聚集，相关性越强；点越分散，相关性越弱。同时，“斜率”或“倾斜度”也有一定意义，沿右上方向倾斜表明“一个值越大，另一个值也越大”，称为“正相关”；沿右下方向倾斜表明“一个值越大，另一个值反而越小”，称为“负相关”。散点图能够告诉我们数据相关性的强弱，以及属于正相关还是负相关。

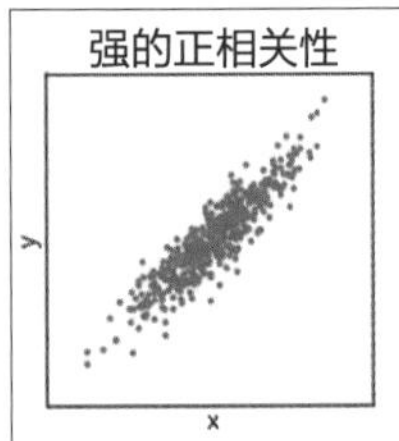

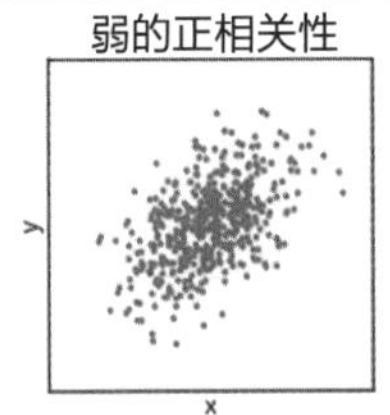

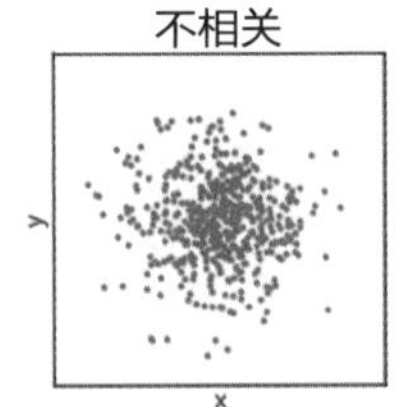

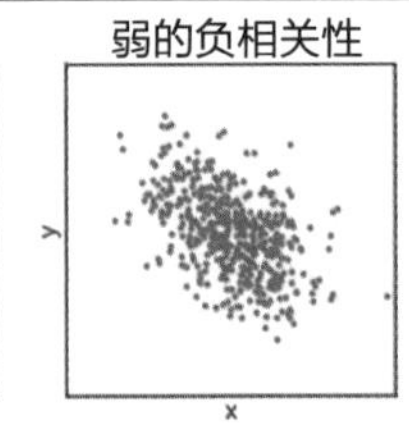

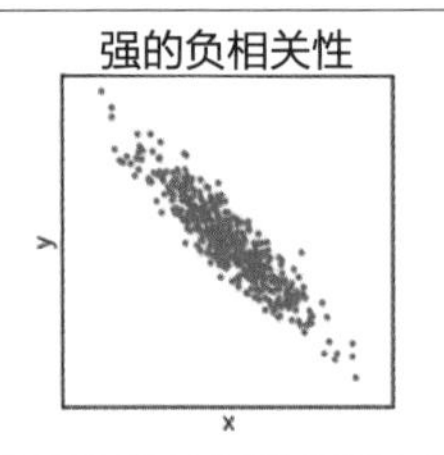

相关系数

可以用一个数值同时表示数据相关性的强弱和倾斜度，即“相关系数”。

相关系数的范围在 -1 ~ +1。越接近 +1 越具有强的正相关性，越接近 -1 越具有强的负相关性，越接近 0 越表示不相关。

相关系数	相关性的强弱	散点图
0.7 ~ 1.0	强的正相关性	
0.4 ~ 0.7	正相关性	
0.2 ~ 0.4	弱的正相关性	
-0.2 ~ 0.2	不相关	
-0.4 ~ -0.2	弱的负相关性	
-0.7 ~ -0.4	负相关性	
-1.0 ~ -0.7	强的负相关性	

如果相关性强，
则接近 1 或 -1，
如果相关性弱，
则接近 0。

相关系数用“**df.corr()["<横轴列名>"]["<横轴列名>"]**”获取。

数据分析的命令：求两列数据的相关系数

- 需要的库：**pandas**
- 命令

```
df.corr()["<横轴列名>"]["<纵轴列名>"]
```

- 输出：两列数据的相关系数

相关性的强弱

通常，相关系数高达 0.8 或 0.9 时，我们无需查看相关系数也能看出相关性很强。与其说相关系数是“用于发现人类无法察觉的问题的工具”，不如说它是“人类用客观数据验证已经察觉到的问题的工具”。

我们分别查看数学和物理、数学和社会成绩的相关系数（见清单 6.3）。

【输入代码】清单 6.3

```
print("数学和物理 =", df.corr()["数学"]["物理"])
print("数学和社会 =", df.corr()["数学"]["社会"])
```

输出结果

```
数学和物理 = 0.9688434503857298
数学和社会 = 0.39425173157746296
```

结果表明，数学和物理成绩有很强的相关性，而数学和社会成绩似乎没有什么相关性。

事实上，**df.corr()** 为我们循环计算了任意两列数据的相关系数，形成一个矩阵（见清单 6.4）——“相关矩阵”。不指定列名时，就得到整个相关矩阵。

数据分析的命令：求相关矩阵

- 需要的库：**pandas**
- 命令

```
df.corr()
```

- 输出：相关矩阵

【输入代码】清单 6.4

```
print(df.corr())
```

输出结果

	数学	物理	社会
数学	1.000000	0.968843	0.394252
物理	0.968843	1.000000	0.413466
社会	0.394252	0.413466	1.000000

结果显示，任意两门课程的相关系数构成相关矩阵。在矩阵的对角线上，“数学和数学”“物理和物理”以及“社会和社会”都是相同数据，所以相关系数均为 1.0。

数学成绩好的同学
物理成绩也好，这个趋势
好像还挺明显的。

在散点图上画线预测

本节课在散点图上绘制“回归线”，进行预测。

相关性越强，数据就越接近一条线。

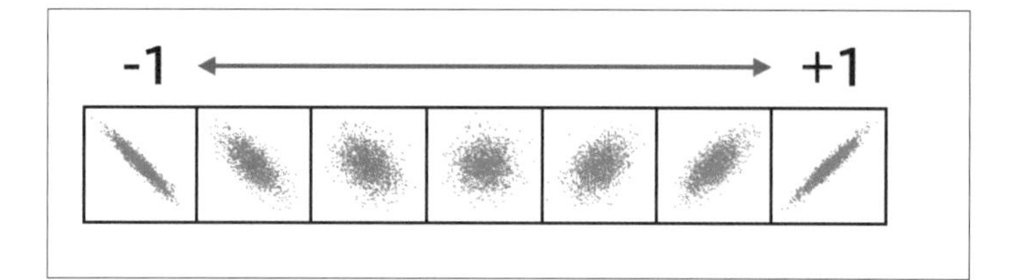

线的形状说明了其中的规律，借助这一点就可以进行预测。

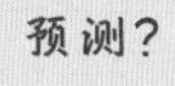

预测？

我们可以用线预测“横轴为某个值时，对应的纵轴的值”。

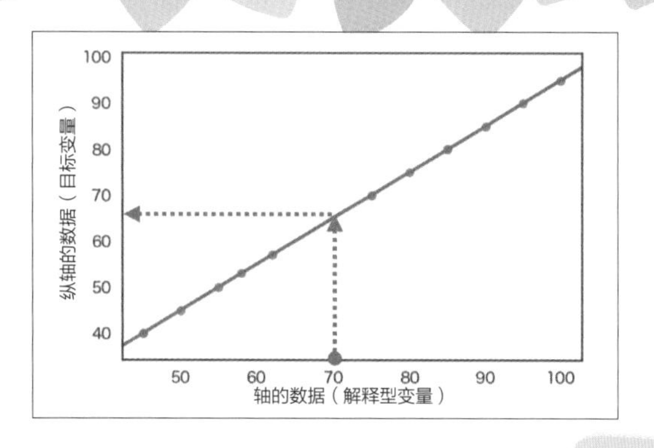

原来如此。

但是真实数据有偏差，很少能画出整齐的线。因此，我们干脆画出“误差最小的线”，用它来预测，这就是“回归线”。借助 Python 库可以轻松绘制回归线。

哎呀！库真是方便呀！

数据普遍存在偏差，如果能绘制出误差最小的线，就能用它预测“横轴为某个值时，对应的纵轴的值”了，这就是“回归线”。

seaborn 库提供的 **sns.regplot()** 让我们能够用一条命令同时绘制散点图和回归线。

数据分析的命令：绘制散点图 + 回归线

- 需要的库：**pandas**、**matplotlib**、**seaborn**
- 命令

```
sns.regplot(data=df, x="<横轴列名>", y="<纵轴列名>",
            line_kws={"color":"<颜色>"})
plt.show()
```

- 输出：在散点图上叠加绘制回归线

接下来，在数学和物理成绩、数学和社会成绩的散点图上叠加回归线（见清单 6.5）。

【输入代码】清单 6.5

```
sns.regplot(data=df, x="数学", y="物理", line_kws={"color":"red"})
plt.show()

sns.regplot(data=df, x="数学", y="社会", line_kws={"color":"red"})
plt.show()
```

输出结果

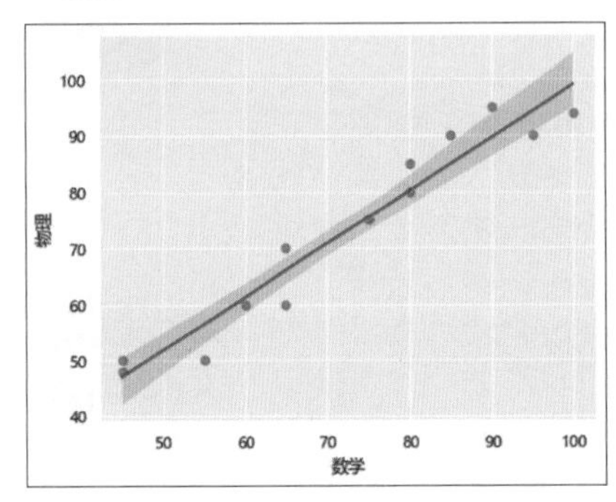

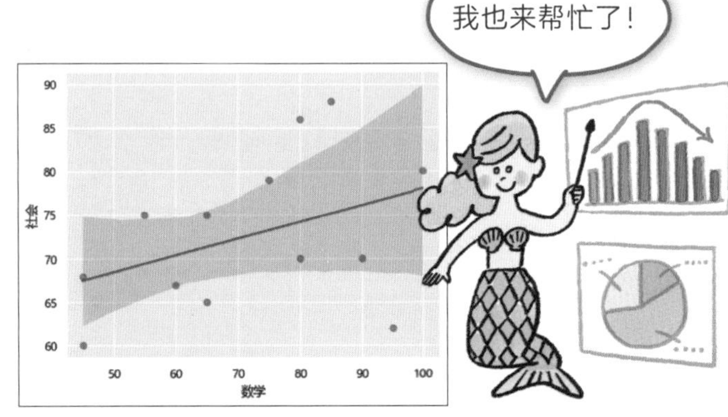

相关性越强，越容易绘制出明确的回归线；反之，相关性越弱，绘制出的回归线就越不明确。图中浅红色的范围称为“置信区间”，表示数据“有 95% 的概率在该范围内”。数学和物理成绩的相关性强，回归线明确，置信区间范围小；数学和社会成绩的相关性弱，回归线不明确，置信区间范围大，显示了它的不确定性。

seaborn 库还提供了 **sns.jointplot()**，用它能够同时绘制散点图、回归线和两组数据的直方图。

数据分析的命令：绘制带直方图的散点图 + 回归线

- 需要的库：**pandas**、**matplotlib**、**seaborn**
- 命令

```
sns.jointplot(data=df, x="<横轴列名>", y="<纵轴列名>",
              kind="reg", line_kws={"color":"<颜色>"})
plt.show()
```

- 输出：带直方图的散点图 + 回归线

还是用数学和物理成绩、数学和社会成绩绘制（见清单 6.6）。

【输入代码】清单 6.6

```
sns.jointplot(data=df, x=" 数学 ", y=" 物理 ", kind="reg",
              line_kws={"color":"red"})
plt.show()

sns.jointplot(data=df, x=" 数学 ", y=" 社会 ", kind="reg",
              line_kws={"color":"red"})
plt.show()
```

输出结果

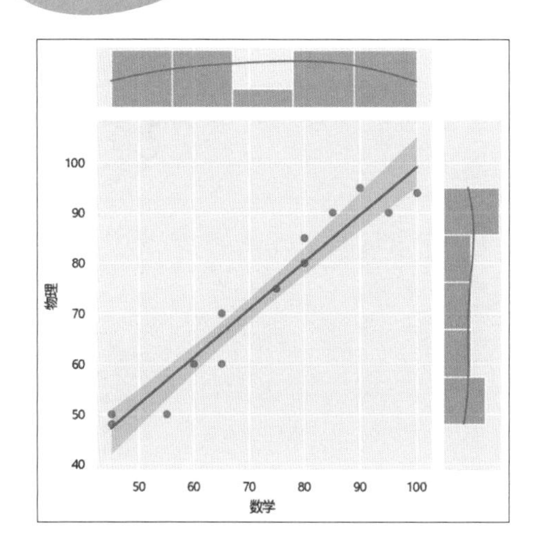

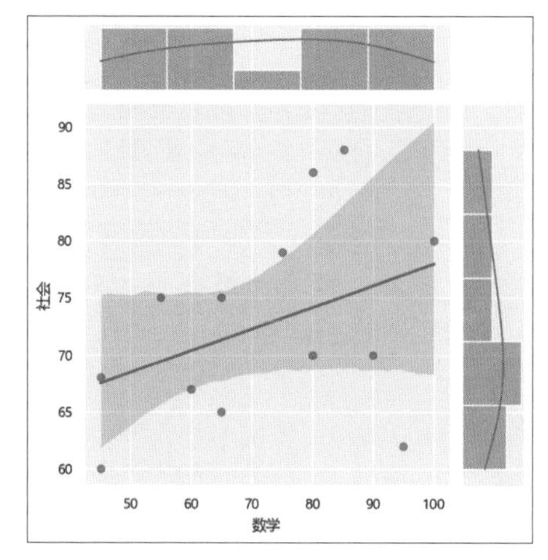

第23课

循环绘制散点图

本节课我们来了解“热力图”和“散点图矩阵”。

上节课的例子中只有数学、物理和社会三门课程，如果种类更多，一定很复杂。

组合变多当然会变得复杂。但是Python库提供了方便的功能，一是用颜色的“热度”表示相关矩阵，二是循环绘制散点图。

又要用到库了！

用颜色的“热度”表示相关矩阵：热力图

我们回顾一下相关系数组合的查看方式，使用相关矩阵能够同时观察全部相关系数，很方便（见清单6.7）。

【输入代码】清单6.7

```
print(df.corr())
```

输出结果

	数学	物理	社会
数学	1.000000	0.968843	0.394252
物理	0.968843	1.000000	0.413466
社会	0.394252	0.413466	1.000000

可以同时查看的确很方便，但如果数字太多，乍一看还是难以分辨。因此，人们想到了用不同颜色表示不同值的方法——热力图。用热度高和热度低的颜色分别表示较大的值和较小的值，可以直观地表现“颜色越热，值越大”的效果。可以通过 seaborn 的 **sns.heatmap()** 绘制热力图。

数据分析的命令：绘制相关矩阵的热力图

- 需要的库：**pandas**、**matplotlib**、**seaborn**
- 命令

```
sns.heatmap(df.corr())
plt.show()
```

- 输出：热力图

尝试绘制热力图。我们希望在图中同时显示相关系数，因此指定 **annot=True**。此外，相关系数的最大值为 1，最小值为 -1，中间的 0 表示不相关，指定 **vmax=1，vmin=-1，center=0** 以区分颜色（见清单 6.8）。

【输入代码】清单 6.8

```
sns.heatmap(df.corr(), annot=True, vmax=1, vmin=-1, center=0)
plt.show()
```

输出结果

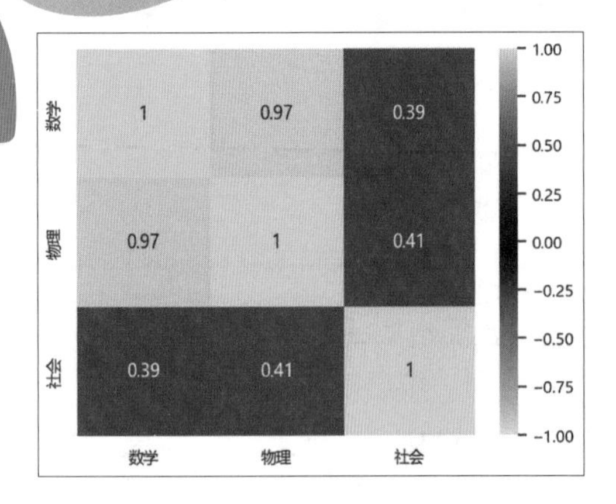

结果显示，对角线的相关系数为 1，颜色最明亮；其次是数学和物理成绩，它们的相关性很强。数学和社会、物理和社会成绩颜色较暗，直观上给人相关性较弱的感觉。

循环绘制散点图：散点图矩阵

之前讲过可以用相关矩阵的形式表示相关系数的全部集合，自然就想到也可以用矩阵的形式表示散点图的全部集合，这就是“散点图矩阵”，使用 seaborn 库的“**sns.pairplot(data=df)**”绘制。

数据分析的命令：用矩阵表示散点图的全部集合

- 需要的库：**pandas**、**matplotlib**、**seaborn**
- 命令

```
sns.pairplot(data=df)
plt.show()
```

- 输出：散点图矩阵

绘制散点图矩阵（见清单 6.9）。

【输入代码】清单 6.9

```
sns.pairplot(data=df)
plt.show()
```

输出结果

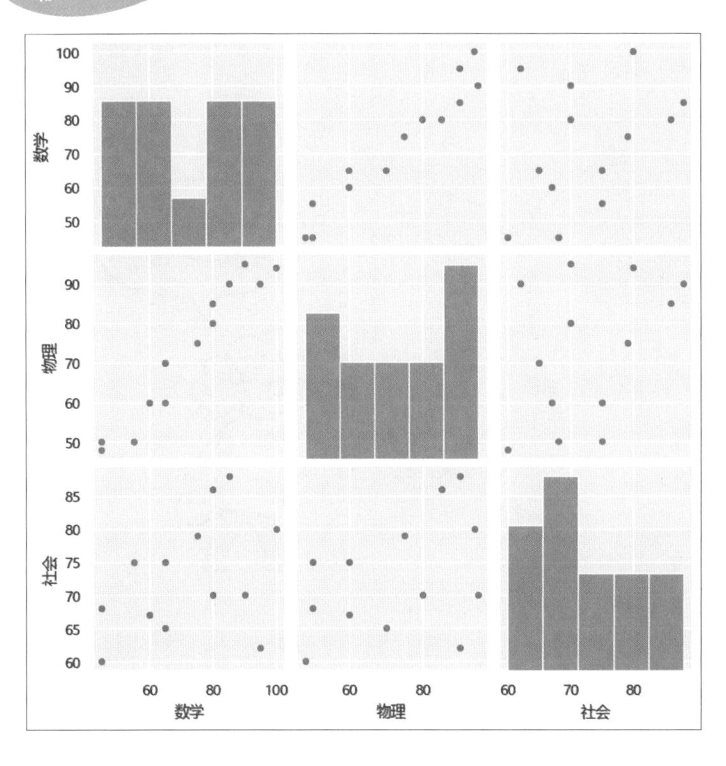
数学
物理
社会
数学
物理
社会

散点图矩阵正如其名，
用矩阵组合验证
散点图。

结果显示了全部组合的散点图。与相关矩阵相同，对角线上是相同数据的组合，所以用直方图代替散点图。

进一步在散点图上绘制回归线，指定 **kind="reg"** 选项即可（见清单 6.10）。

【输入代码】清单 6.10

```
sns.pairplot(data=df, kind="reg")
plt.show()
```

输出结果

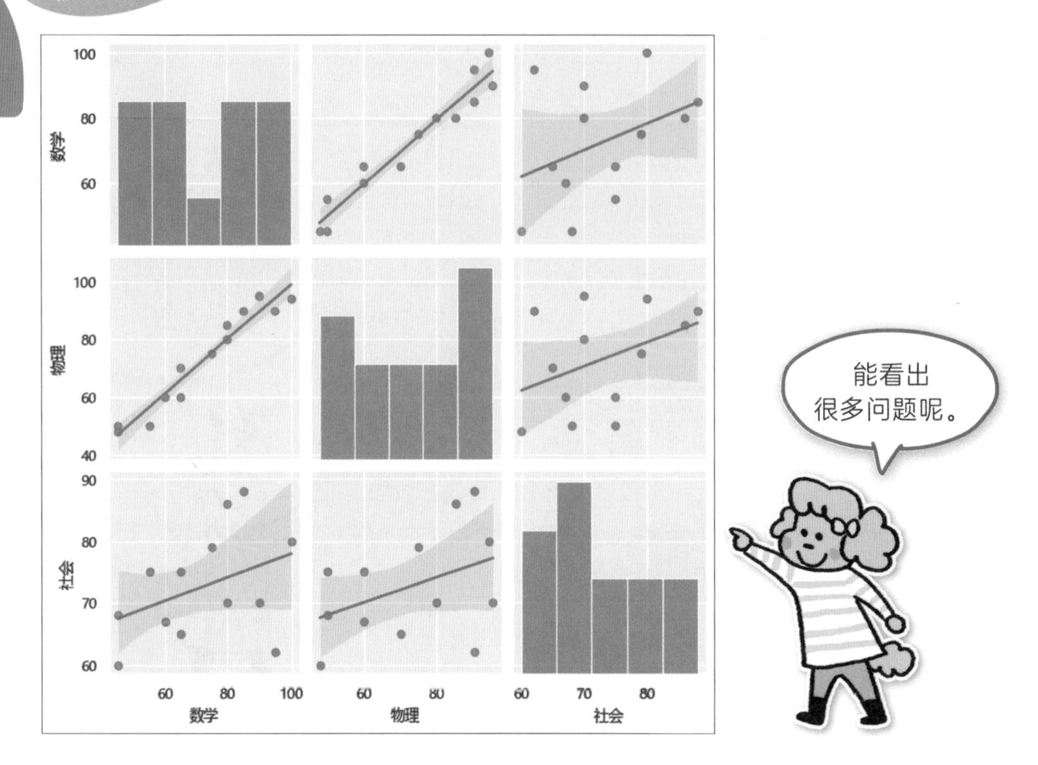

结果显示了全部组合的散点图 + 回归线。短短两行代码却进行了大量分析和绘制工作，所以执行后要稍等一会儿才能显示。

鸢尾花数据

鸢尾花在中国东北、日本和北美等国家和地区都有分布。不同品种鸢尾花的数据是数据分析中经典的常用数据集。

我们用更加复杂的数据——机器学习常用的“鸢尾花品种”数据尝试数据分析。

为什么是鸢尾花？

从前，英国学者罗纳德·费希尔（Ronald Fisher，1890～1962）发表过一篇关于鸢尾花的论文。论文中的数据现在被当作机器学习的样本数据。Python的库中也有这份数据，可以直接使用。

库中也有样本数据呀，太方便了。都有什么样的数据呢？

机器学习库scikit-learn中有“鸢尾花品种”“波士顿房价”“红酒种类”和“手写数字图像”等数据。seaborn库中有“鸢尾花品种”“餐厅小费金额”“泰坦尼克号幸存者”和“飞机乘客数量”等数据。

哦！两个库中都有“鸢尾花品种”数据啊。

普通的花，如波斯菊、蒲公英等，它们的花梗上长有小绿叶，称为“萼片”，主要对花起支撑作用。有的萼片会保留到结出果实，如草莓蒂。但鸢尾花是一种特殊的植物，它的萼片会像花瓣一样发生变化。看起来像鸢尾花大花瓣的部分实际上是三片萼片（外花被片），里面小小的三片才是花瓣（内花被片）。

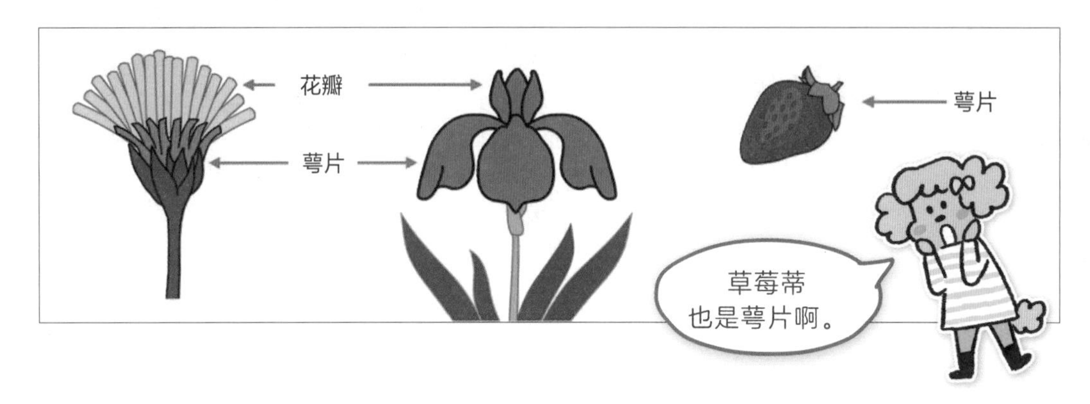

英国学者罗纳德·费希尔在1936年发表论文，指出鸢尾花的萼片长度、萼片宽度、花瓣长度和花瓣宽度可能与品种有关。论文中的数据目前经常作为机器学习的分类样本数据，知名度很高。

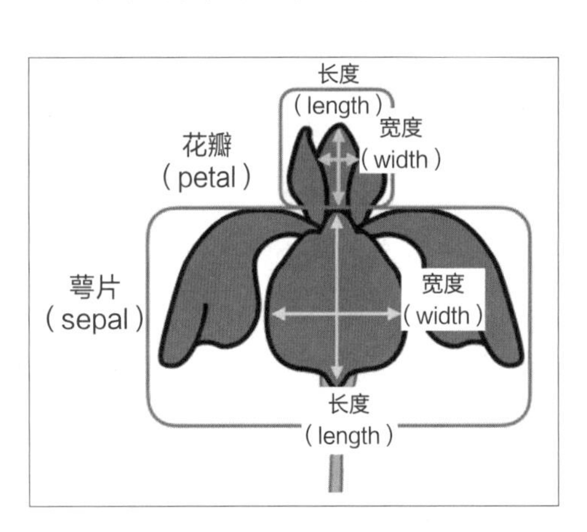

这份数据包含山鸢尾（*setosa*）、变色鸢尾（*versicolor*）和弗吉尼亚鸢尾（*virginica*）三个品种的数据，包含萼片长度（sepal length）、萼片宽度（sepal width）、花瓣长度（petal length）和花瓣宽度（petal width）的测量值。

我们通过 seaborn 库提供的 **`sns.load_dataset("iris")`** 调用鸢尾花品种数据。

数据分析的命令：读取鸢尾花品种数据

- 需要的库：**pandas**、**matplotlib**、**seaborn**
- 命令

```
sns.load_dataset("iris")
```

- 输出：通过鸢尾花品种数据创建的数据框

seaborn 的数据文件并未直接包含在库中，调用的时候会从指定的网址下载。如果通过 seaborn 下载有困难，可以从本书源代码文件中获取名为“seaborn-data”的数据文件夹，把它放在 Notebook 所在的文件夹中，并为 **load_dataset()** 函数指定额外的参数（见清单 6.11）。

【输入代码】清单 6.11

```
%matplotlib inline
import pandas as pd
import matplotlib.pyplot as plt
import seaborn as sns
sns.set()

# df = sns.load_dataset("iris")
df = sns.load_dataset("iris", cache=True, data_home='seaborn-data')
df.head()
```

输出结果

	sepal_length	sepal_width	petal_length	petal_width	species
0	5.1	3.5	1.4	0.2	setosa
1	4.9	3.0	1.4	0.2	setosa
2	4.7	3.2	1.3	0.2	setosa
3	4.6	3.1	1.5	0.2	setosa
4	5.0	3.6	1.4	0.2	setosa

利用这份数据，先通过相关矩阵观察萼片长度、萼片宽度、花瓣长度和花瓣宽度中哪些数据的相关性较强（见清单 6.12）。注意，这份数据包含字符串类型的“species”列数据，在计算相关矩阵时要指定 **numeric_only=True** 属性。

【输入代码】清单 6.12

```
df.corr(numeric_only=True)
```

输出结果

	sepal_length	sepal_width	petal_length	petal_width
sepal_length	1.000000	-0.117570	0.871754	0.817941
sepal_width	-0.117570	1.000000	-0.428440	-0.366126
petal_length	0.871754	-0.428440	1.000000	0.962865
petal_width	0.817941	-0.366126	0.962865	1.000000

接下来，绘制热力图（见清单 6.13）。

【输入代码】清单 6.13

```
sns.heatmap(df.corr(numeric_only=True), annot=True, vmax=1,
                      vmin=-1, center=0)
plt.show()
```

输出结果

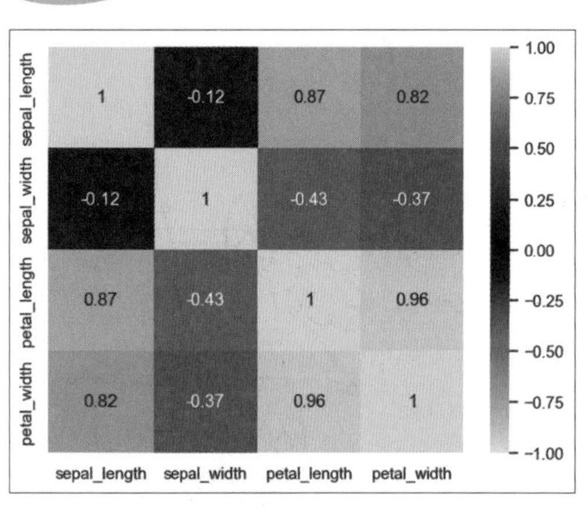

黑色代表
相关系数很小。

结果显示，花瓣长度和花瓣宽度的颜色较亮，似乎有很强的相关性，也就是“花瓣越长就越宽”。除此之外，也有表示为冷色调的负相关性，如花瓣长度和萼片宽度的关系为“花瓣越长，萼片越窄”。

现在的结果还是不够明确。我们进一步查看具体的数据分布。为了对数据整体有直观把握，我们来绘制散点图矩阵（见清单 6.14）。

【输入代码】清单 6.14

```
sns.pairplot(data=df)
plt.show()
```

输出结果

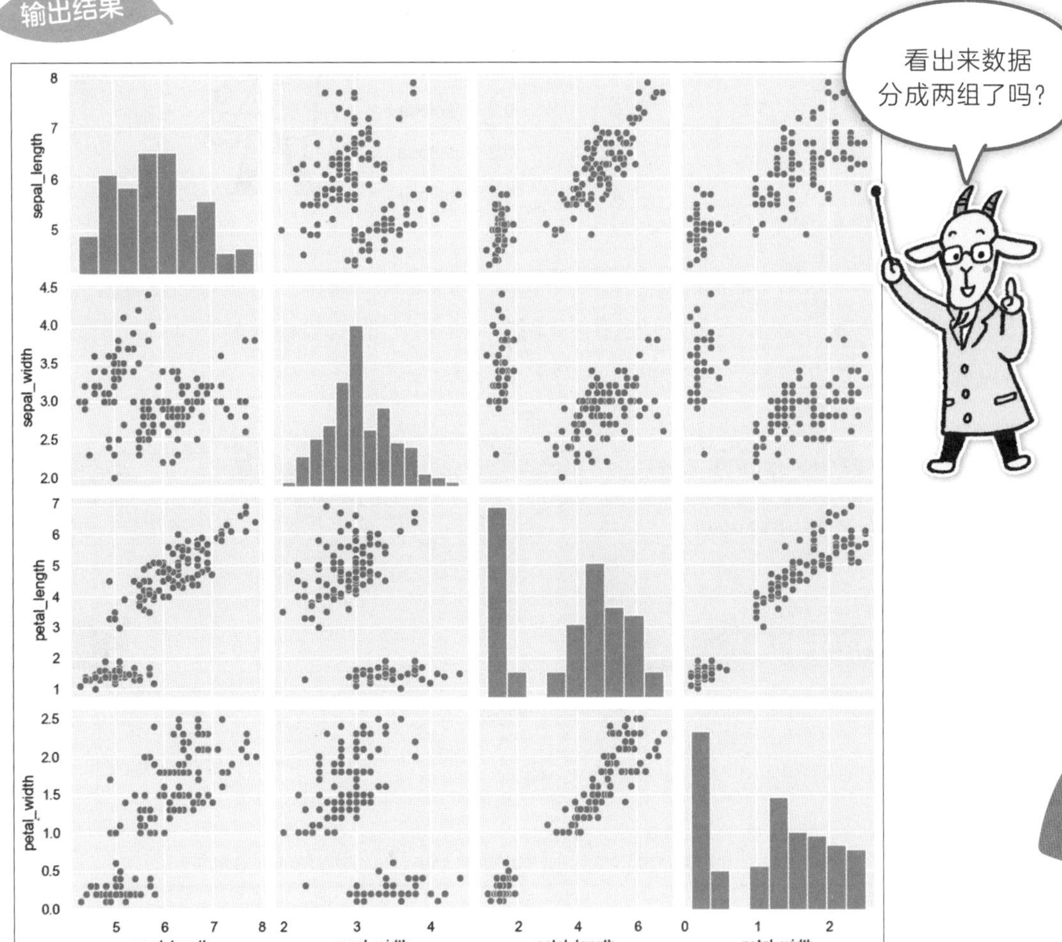

结果显示，每个散点图大致分为较大和较小的两个集合。这是因为，这份数据中包含三个品种的鸢尾花数据，混合在一起。之前在讨论身高数据的时候就指出，将男女两个类别的身高数据分开查看就比较明显了，所以我们也要按照品种查看数据。

让我们再次检查数据（见清单 6.15）。

【输入代码】清单 6.15

```
df.head()
```

输出结果

	sepal_length	sepal_width	petal_length	petal_width	species
0	5.1	3.5	1.4	0.2	setosa
1	4.9	3.0	1.4	0.2	setosa
2	4.7	3.2	1.3	0.2	setosa
3	4.6	3.1	1.5	0.2	setosa
4	5.0	3.6	1.4	0.2	setosa

最右侧的列数据给出了鸢尾花品种。

最右侧的列数据“species”是鸢尾花品种的数据。前5行只显示了“setosa”，其他的名称都有什么呢？我们使用“**df["<列名>"].unique()**”可以提取某一列数据里不重复的元素，并生成列表（见清单 6.16）。

格式：提取某一列数据中不重复的元素，生成列表

```
df["<列名>"].unique()
```

【输入代码】清单 6.16

```
df["species"].unique()
```

输出结果

```
array(['setosa', 'versicolor', 'virginica'], dtype=object)
```

结果显示，有三个不同的品种名称，分别是 *setosa*、*versicolor* 和 *virginica*。

接下来分别查看各个品种的数据。

从某列数据中提取符合某个条件的数据的方法是“**< 数据框 >=<** 数据框 **>[<** 条件 **>]**”。比如，要提取 species 值为“setosa”的数据时，使用 **df[df["species"]=="setosa"]**。定义一个变量 **onespecies** 指定品种，将提取后的数据框赋值给 **one**。

用提取的数据分别绘制热力图（见清单 6.17 ~清单 6.19）。

【输入代码】清单 6.17

```
onespecies = "setosa"

one = df[df["species"]==onespecies]
sns.heatmap(one.corr(numeric_only=True), annot=True, vmax=1,
            vmin=-1, center=0)
plt.title(onespecies, fontsize=18)
plt.show()
```

输出结果

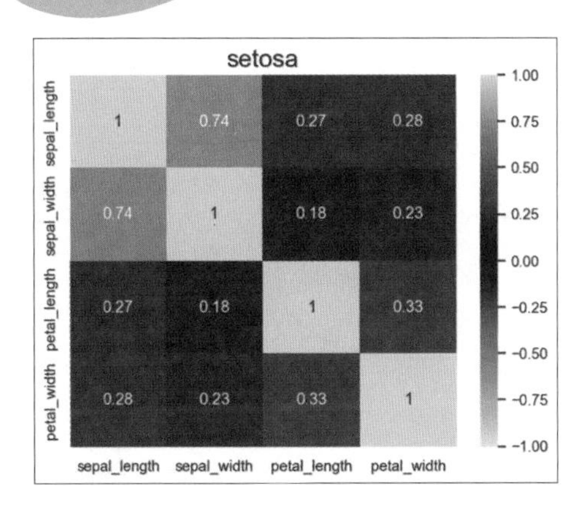

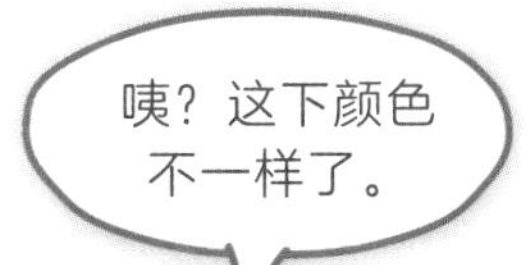

第
24
课

【输入代码】清单 6.18

```
onespecies = "versicolor"

one = df[df["species"]==onespecies]
sns.heatmap(one.corr(numeric_only=True), annot=True, vmax=1,
            vmin=-1, center=0)
plt.title(onespecies, fontsize=18)
plt.show()
```

输出结果

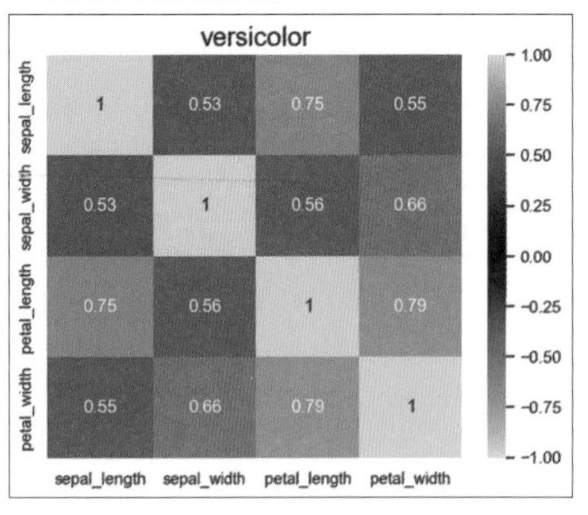

【输入代码】清单 6.19

```
onespecies = "virginica"

one = df[df["species"]==onespecies]
sns.heatmap(one.corr(numeric_only=True), annot=True, vmax=1,
            vmin=-1, center=0)
plt.title(onespecies, fontsize=18)
plt.show()
```

输出结果

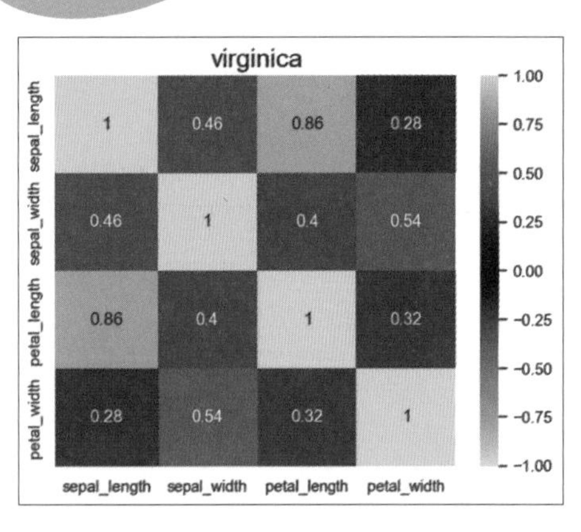

按品种区分后，热力图的色调都略微变冷了。结果表明没有负相关，每个品种的数据都呈现正相关，但相关程度不同。

例如，观察“setosa”的热力图，整体偏暗，相关性较弱，除了萼片长度（sepal_length）和萼片宽度（sepal_width）强相关。观察“versicolor”的热力图，整体明亮，相关性强，特别是花瓣长度（petal_length）和花瓣宽度（petal_width）的相关性最强。

进一步绘制“setosa”的散点图矩阵，以观察更具体的数据分布，并且加上回归线（见清单 6.20）。

【输入代码】清单 6.20

```
onespecies = "setosa"

one = df[df["species"]==onespecies]
sns.pairplot(data=one, kind="reg")
plt.show()
```

左上角的 sepal_length 和 sepal_width，sepal_width 和 sepal_length 的散点图分布最整齐，明显表现出相关性，回归线周围的浅色区域（置信区间）也较小。

输出结果

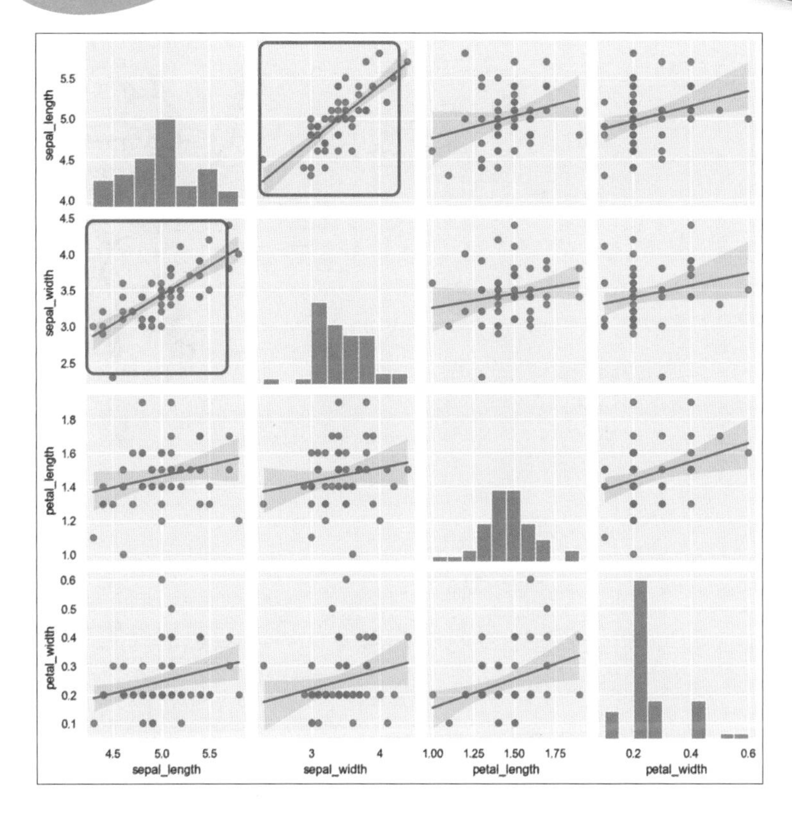

结果显示，萼片长度（sepal_length）越长，萼片宽度（sepal_width）越宽。这两个数据的相关性最强，其他数据的相关性较弱。

这份散点图数据如果不区分品种显示，而是按颜色重叠显示，也许能看出品种之间的特征区别，我们来试一试。

在散点图矩阵中根据某列的值分类显示，只需指定 **hue="< 列名 >"**（见清单 6.21）。

【输入代码】清单 6.21

```
sns.pairplot(data=df, hue="species")
plt.show()
```

输出结果

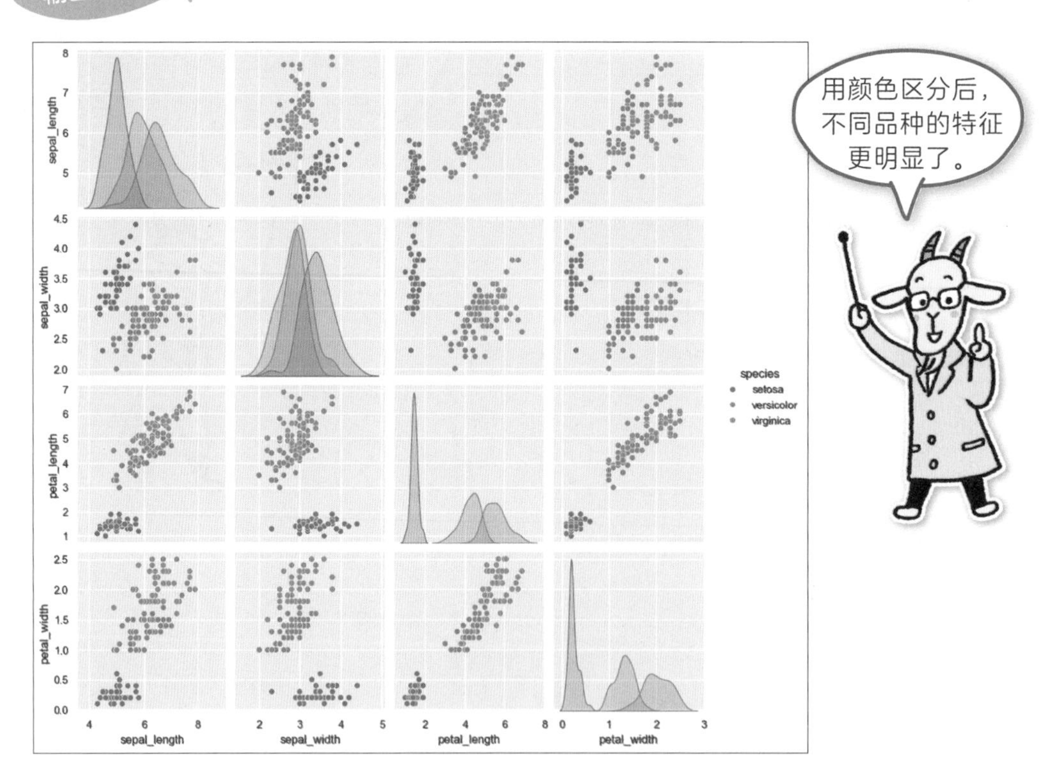

通过不同颜色来表示不同品种的数据，可以看出每个品种有自己的特征，并且构成了分组。*versicolor*（橙色）和 *virginica*（绿色）距离较近，而 *setosa*（蓝色）和前两者的距离较远。之前看到的较大和较小的两个集合就是这样形成的。

学无止境

博士！鸢尾花的蓝色、绿色和橙色的集合好像有什么特征，有没有能一眼区分的方法？

找这种区别就要用到机器学习了。通过数据训练得到模型，然后提供萼片长度、萼片宽度、花瓣长度和花瓣宽度作为参数，就可以预测品种了。

好厉害……数据分析和机器学习有关啊。

机器学习与数据分析一样，都是“从大量数据中找出倾向，从而发现规律”的技术。用大量狗和猫的照片进行训练，发现规律后，看到其他照片就能判断出是狗还是猫。用大量梵高的画进行训练，找到规律后，还能模仿梵高的笔触画画。

什么！真好玩。

我们现在学习的只是数据分析的入门知识，尚未学习的内容还有很多。

啊？真的吗？

数据分析是很深奥的，也许今后你会遇到难题，但是死记硬背公式和套路不是目标，理解含义才是最重要的。数据分析的重中之重就是解读数据的意义。

复杂计算交给Python就好。